长治市委宣传部“浊漳流馨”系列丛书重点资助项目

佛光留影

浊漳河佛寺演变史

Buddhist Trail:
The History of the Evolution of the Buddhist Temples in Zhuozhang River Basin

朱文广 著

中国社会科学出版社

图书在版编目（CIP）数据

佛光留影：浊漳河佛寺演变史 / 朱文广著. —北京：
中国社会科学出版社，2021.3
（“浊漳流馨”丛书）
ISBN 978－7－5203－7771－3

Ⅰ. ①佛… Ⅱ. ①朱… Ⅲ. ①佛教—寺庙—宗教
建筑—建筑史—长治 Ⅳ. ① TU－098.3

中国版本图书馆 CIP 数据核字（2021）第 018321 号

出 版 人　赵剑英
责任编辑　宋燕鹏
责任校对　冯英爽
责任印制　李寡寡

出　　版　中国社会科学出版社
社　　址　北京鼓楼西大街甲 158 号
邮　　编　100720
网　　址　http：//www. csspw. cn
发 行 部　010－84083685
门 市 部　010－84029450
经　　销　新华书店及其他书店

印　　刷　北京明恒达印务有限公司
装　　订　廊坊市广阳区广增装订厂
版　　次　2021 年 3 月第 1 版
印　　次　2021 年 3 月第 1 次印刷

开　　本　710×1000　1/16
印　　张　14.5
字　　数　221 千字
定　　价　79.00 元

凡购买中国社会科学出版社图书，如有质量问题请与本社营销中心联系调换
电话：010－84083683

前　言

中国人的思想是丰富的。不同的群体、不同的境遇、不同的人生阶段都会塑造出不同的思想。作为一个整体，中国人的思想无疑具有共性，我们常将其概括为中华文化或文明的基本精神，此不赘述。从个性的角度来看，中国思想界则是一个五彩斑斓，错综复杂，相互交织，彼此矛盾却奇妙地相互融合的万花筒。

民间信仰是中国人思想的一部分。攻读硕士学位期间，我在陕西师范大学图书馆翻到一本《夷坚志》，里面的故事短小精悍，虽是神怪之事，却反映了古人三观。当时，我的导师贾二强先生开设了《太平广记》的专书讲解课程，对唐宋时期的民间信仰进行了深入剖析。这两个因素使我对中国民间信仰产生了兴趣。人的思想是最难被看透的，也是包含最广阔的。故而俗语有云："画龙画虎难画骨，知人知面不知心。"而信仰正是这种思想的一部分，是人们对某些事物、现象积累了相当认同度的情况下所形成的思想，也是个体思想的凝结。

对各类神灵的信仰是一个世界性的存在，在中国传统社会中依然如此。中国民众的信仰内容十分丰富，甚至影响到了对中国传统文化的定义。我们分析中国传统文化时，有一个特征会经常被提到，即三教合流。在研究者视野中，儒、释、道三种思想体系构成了中国思想文化的主要部分。在这三者中，释、道无疑属于宗教信仰的范畴。对儒家是否属于宗教信仰这一问题，目前学界的观点并不一致，但至少能确定其外在表现形式具有信仰的成分。不论其他，单单遍布于民间，以宣扬忠义思想为核心的关帝庙就能充分体现这一特点。就我早年的探索而言，这三方面的内容均有涉及，但并没有特地从宗教派别的维度去理解它们。近年来，我感觉有必要对其中较为明显的宗教派别进行一些研究，以明了儒、释、道三种思想如何在民间展现。故而，在确定新的研究方向时，我选择了佛教，将其作为今后相当长时期内的一个主攻领域。作为一种外来宗教，佛教理论相对于儒道更具思辨性，是与中国固有文化不同的理论。自佛教传入后，它就与中国的政治、文化、民间信仰结下了不解之缘。故而，欲完整了解中国社会，就必须要了解佛教。

佛教研究需要一个起点，我把这个起点定在了长治浊漳河流域的佛寺。之所以选定长治浊漳河流域为地域范畴，是因为当地地理环境较为一致，也形成了较为一致的文化，是传统地理概念“上党”的主体。浊漳河在长治流经除了沁源之外的其余所有县域，包括潞州区、上党区、屯留区、潞城区、襄垣县、平顺县、黎城县、壶关县、长子县、武乡县、沁县。从区域史的意义上讲，本书有其独到的价值。

而之所以选定以佛寺为切入点来探讨佛教与地方社会的关系则在于目前我国佛教史的著作中，相关研究较为薄弱。经典著作如任继愈的《中国佛教史》[①]、赖永海的《中国佛教通史》均着眼于宏观描述。[②]王荣国的《福建佛教史》是目前仅见的以地方寺院为切入点探讨佛教史的著作。不过，该书在佛寺时空分布系统化方面仍有待改进，也未能阐明佛寺与地方社会的互动关系，在内容上有可补充之处。[③]

就浊漳河流域佛寺的研究来看，部分成果从历史学角度入手探讨。段建宏探讨了三教堂在晋东南的演变情况；[④]陈豪以高平金峰寺为例探讨了金元时期晋东南地区寺院间的互动[⑤]（晋东南地区的主体就是浊漳河流域）。

也有学者研究佛寺的壁画、建筑特色。侯慧明、李雅君等人发表了

① 任继愈：《中国佛教史》，中国社会科学出版社 1993 年版。

② 赖永海：《中国佛教通史》，江苏人民出版社 2010 年版。

③ 王荣国：《福建佛教史》，厦门大学出版社 1997 年版。

④ 段建宏：《晋东南三教信仰的形成、表现形态及分析》，《宗教学研究》2015 年第 4 期。

⑤ 陈豪：《金元时期晋东南地区寺院间互动——以高平金峰寺为例》，《四川文物》2020 年第 2 期。

一系列有关佛寺壁画的成果；[①] 王春波对平顺天台庵的建筑结构进行了分析；[②] 柴泽俊对浊漳河流域的佛教建筑进行了个案探讨；[③] 耿昀对平顺龙门寺及浊漳河谷现存早期佛寺进行了建筑学上的研究；[④] 刘耀辉对寺院建筑的价值特色进行了阐述。[⑤]

系统探讨佛寺时空分布的成果并不多。虽然赵改萍对北魏、北齐时期山西佛教发展的原因、现象进行了探讨，其中涉及了寺院；[⑥] 王功分析了北朝时期山西佛寺的地理分布；[⑦] 王群分析了隋代山西佛寺的地理分布；[⑧] 刘锦增分析了金代山西佛寺的地理分布。[⑨] 但是，这些文章以山西全省为地域范畴，涉及浊漳河流域的内容有限，且较为粗略，而且，时间段仅到金代，于元、明、清时期未有涉猎。

总之，目前研究有两个短板：一是缺乏对浊漳河流域的佛寺进行历史地理的系统梳理，以展示其演变过程；二是缺乏对佛寺与地方社会融合方式的讨论。寺院的建立是佛教在当地立足并发展的直接证据，是佛教演变的生动演示，对了解佛教史意义重大。更何况，浊漳河流域的佛寺有相当部分在乡野村落。这部分寺院是除山林、都市之外的另一个系统，数量庞大，不低于前者甚至尤有过之。而就目前学术界而言，对历史上乡村佛寺的研究也基本属于空白。故而，本书欲系统地梳理历史时期浊漳河流域佛寺的时空分布，同时分析佛寺是如何与地方社会——主要是乡村社会进行互动的，换言之，地方社会以何种方式支持着佛教的长期发展。

---

① 侯慧明：《山西部分寺庙佛传故事图像》，《世界宗教文化》2018 年第 6 期；李雅君：《山西平顺大云院壁画维摩诘经变图像研究》，《南京艺术学院学报》（美术与设计）2018 年第 3 期。

② 王春波：《山西平顺晚唐建筑天台庵》，《文物》1993 年第 6 期。

③ 柴泽俊：《柴泽俊古建筑文集》，文物出版社 1999 年版。

④ 耿昀：《平顺龙门寺及浊漳河谷现存早期佛寺研究》，天津大学 2017 年博士论文。

⑤ 刘耀辉：《山西佛寺建筑的价值特色》，《文物世界》2017 年第 1 期。

⑥ 赵改萍：《北魏时期佛教在山西的发展》，《宗教学研究》，2015 年第 2 期；赵改萍：《北齐时期山西的佛教》，《五台山研究》，2017 年第 2 期。

⑦ 王功：《北朝时期山西佛寺地理分布研究》，《五台山研究》2016 年第 3 期。

⑧ 王群：《隋代山西佛寺地理分布》，《五台山研究》2016 年第 1 期。

⑨ 刘锦增：《金代山西佛寺地理分布研究》，《五台山研究》2015 年第 4 期。

就本书的内容看，基本是按如下逻辑书写：

第一章：分析佛寺的选址原则。任何信仰场所都会面临一个选址问题。中国重要建筑的选址从来都不是随意的。浊漳河流域的寺院有几个选址原则：一是要建于清静优美的风水佳处——此处既可体现佛教不与世俗合流的理念，又灵气汇聚，利于修行，而且，山环水绕，实现了佛法与自然的融合；二是对位于村中或村边的寺院而言，要建于入口、路口、空旷、水口，还要注重五行八卦方位，以补正村落风脉，护佑村运；三是要建于对城镇村落具有实际作用的地方，如建于入口以利防御、建于要道以利公务、建于闹市以利修行等。

第二章：分析国家政策、地方政府、官员、民间群体对佛寺的存在、经营、演变的影响。寺院的存废受国家施政方针的影响很大，浊漳河流域的寺院亦不例外。不过，宏观的国家政策需要通过地方政府和官员落实。就浊漳河流域而言，地方政府、官员个人多有支持寺院者。除了官方因素外，民间群体也对寺院兴废有巨大的影响力，经常超越官方。许多村落寺院虽然规模很小，但是因为有民间群体的支持，常会存在数百上千年，一些寺院还会通过民间力量的努力而获得官方敕封，等等。

第三章：分析民间组织及领袖对佛寺的影响。就长治浊漳河流域佛寺的历史及目前留存的情况看，大量寺院位于村落。除了里、甲、保等为人熟知的社会基层组织和村民个体、家庭家族外，影响寺院发展的力量就是村落中的社及社首。社产生于先秦，后渐成影响极大的社会基层组织。在清代浊漳河流域，社极为活跃。社的领袖为社首，由德才兼备、财力雄厚的社众担任。他们往往有着较为清晰的分工，负责了村、社的信仰活动。总体看，社对寺院的影响在加大，诸多寺院的经营、管理、所有权在清、民国期间已经归属社内，寺院成了社产。

第四章：分析佛寺中包含的三教并存合流思想及现象。三教合流是中国传统文化的重要特征。三教并立合流思想自佛教传入中国后便开始出现，至唐以后已成大势。浊漳河流域的三教并立合流思想包括了两个方面：一是佛教对其余二教有配合作用；二是三教思想在最终教化功能上殊途同归。就具体表现而言，佛教神祇、寺院、佛殿渐被纳入基层社会的信仰体系之中。明清之际，三教堂大量出现于浊漳河流域，成为三教合流最典型的表现，证明三教并立合流已由学理、政治上的探究成为民间广泛接受的思想了。

需要说明的是，此处的佛教寺院、佛寺、寺院都是广义上的称呼，包括了寺、院、庵、阁、堂、殿、庙等各类以佛教神祇为主的信仰场所。

目　录

第一章　浊漳河流域佛寺的选址原则

第一节　建于清静优美之处

佛教本身就是以出世为目的的宗教，所以许多寺院选址于清静幽远之处。此外，风景优美，山环水绕的地理环境也为寺院所青睐。

一　远离尘俗，清静幽远

佛寺选址一个重要的原则就是清静。儒、释、道三教中，儒家最看重现实社会，鼓励人们追求功名以实现自身政治理想与价值。但是，即便如此，儒家也有超脱世俗的一面。儒家虽不提倡隐居，却也认同“达则兼济天下，穷则独善其身”的处世原则。为达到治理天下的目的，儒家有一套完整的修身流程，即格物、致知、修身、齐家、治国、平天下。在这些环节中，格物、致知、修身都讲的是个人修养。只有个人品行达到层次，才能管理好个人、家庭、国家乃至天下。个人修养是一切行为起点。不过，儒家的个人修行，并不是一般意义上的始终忧国忧民，也有其放纵随性的一面。《论语》记载了孔子与子路、曾皙、冉有、公西华的一次对话：

子路、曾皙、冉有、公西华侍坐。子曰：“以吾一日长乎尔，毋吾以也。居则曰：‘不吾知也。’如或知尔，则何以哉？”

子路率尔而对曰：“千乘之国，摄乎大国之间，加之以师旅，因之以饥馑。由也为之，比及三年，可使有勇，且知方也。”

夫子哂之。

“求，尔何如？”

对曰：“方六七十，如五六十，求也为之，比及三年，可使足民。如其礼乐，以俟君子。”

“赤，尔何如？”

对曰：“非曰能之，愿学焉。宗庙之事，如会同，端章甫，愿为小相焉。”

“点，尔何如？”

鼓瑟希，铿尔，舍瑟而作，对曰：“异乎三子者之撰。”

子曰：“何伤乎？亦各言其志也！”

曰：“莫春者，春服既成，冠者五六人，童子六七人，浴乎沂，风乎舞雩，咏而归。”

夫子喟然叹曰：“吾与点也。”

三子者出，曾皙后。曾皙曰：“夫三子者之言何如？”

子曰：“亦各言其志也已矣！”

曰：“夫子何哂由也？”

曰：“为国以礼，其言不让，是故哂之。唯求则非邦也与？安见方六七十，如五六十而非邦也者？唯赤则非邦也与？宗庙会同，非诸侯而何？赤也为之小，孰能为之大？”①

孔子对四名弟子理想的点评与我们想象中的有所不同。曾皙的理想并不符合儒家以天下为己任的情怀，不应该成为孔子欣赏的对象。其余几人，都是在实践儒家家国天下的理想，他们都应该是孔子欣赏的对象。出人意料的是，在这个故事中，孔子最欣赏的恰恰是曾皙。曾皙被称为鲁之狂士，行为同道家的放纵任性有近似之处。这说明，即使最正统、最强调礼法的儒家也有其洒脱的一面，有超脱世俗的潜质。

道家及后来的道教都将顺应自然视为一贯的追求，出世特征更加

① 《论语注疏》卷十一《先进》，阮元：《十三经注疏》，中华书局 1980 年版，第 2500 页。

明显。

换言之，儒、释、道三家事实上都有一种亲近自然、跳出世俗牵绊的情怀，只不过表现各异罢了。

佛家是三教之中最超脱世俗的一派。寺院建于远离尘俗的清静之地表现了佛家不与俗世合流的理念，而僧人修行的许多必要功课，如禅定、诵经，也需要安静的环境。当然，也有许多佛寺建立在繁华的都邑城镇之中，但远离世俗的理念也从未消失。就长治浊漳河流域而言，很多寺院会建立在山林之中，与村落相距近而与都市相距远。宋元祐五年（1090）的《新修潞州壶关县紫团山慈云院碑铭并序》碑刻提及：

> 按五毗尼教说，安住法云，应先筹量，静其出入，有好林树及清水泉，绝烦扰音声，无毒螫风热，方结同意，共相安稳，坐禅说法，为真比丘。山林之中“群山回合，中面豁开，寂无染物之尘，宛是修真之所”[①]。

二 灵气汇聚，环境优美

修行者认为灵气可加快修行效率，提升速度。同时，优美的景色能使人心旷神怡，利于修行，也更易于达到天人合一的境界。在长治浊漳河流域，既有灵气，又风景优美的地方恐怕就只有山水之间了。

平顺县北泉村金灯寺“东望瘦驴岭，西至麦积山，南下甕洪，北连双塔，诚一方之胜境，西来之乐地也”[②]。明人游金灯寺的一首七言古风长诗将寺院与山水树木交融的情景描写得淋漓尽致：

> 太行千里亘地轴，隆虑西来群峰矗。硎峪岭下梵宫开，景象端严拟天竺。玲珑乱垂如倒莲，石龛空洞似华屋。栋宇追琢皆文章，千佛万佛骇人目。神工运巧如世灵，泉水涓涓绕佛足。昔闻清夜现仙灯，

① 《新修潞州壶关县紫团山慈云院碑铭并序》，宋元祐五年（1090），现存壶关县紫团山慈云院。

② 《重修金灯寺碑记》，明万历二十年（1592），现存平顺县背泉村金灯寺。

半信半疑心未服。花朝携友一登临，诗囊酒榼随童仆。晓行红日上高岭，俯瞰白云满空谷。行行杖履近青霄，寥寥尘寰真一掬。半山雨落湿樵薪，山上朝暾凝树绿。来来往往人攀跻，香火朝神相陆续。辘辘千尺下琼浆，岩底行人消吻酷。洞垂佛手浴清冷，顶偃古松苍盖覆。平生癖性爱烟霞，天下奇观可称独。夕阳对酌发高歌，近夜看灯试默祝。忽然对山一星明，清辉晃晃如行烛。须臾数点起四山，眼底漳中五灯簇。乍明乍暗焰荧荧，还远还近光煜煜。分明出现摩尼珠，龙女呈来照林麓。游人大诧号佛声，果是山灵酬我欲。僧人邀我坐禅床，手捧清茶奏梵曲。细问此山开何时，住持谁者留芳躅。云昔修定芊上人，石窟端居虎自伏。示寂一性返灵山，百年遗骨香如玉。宝塔幽堂卧俨然，过客咨嗟尽瞻肃。圣境须生圣者成，梵天巍峨表亭毒。闻言不觉竖颠毛，胸中愁烦消万斛。禅宗我悟最上乘，诸此佛灵莫敢渎。同行俱是青云流，纪胜教予书柬牍。灯下走笔思若狂，漫吟只恐大家辱。西山奇迹满襟怀，归家可作卧游录。小窗一枕醉春风，清梦夷犹伴猿声。①

这首诗既描写了山、洞、水、云、树、星，又描写了金灯寺五灯闪烁，宝塔幽然的情景，呈现了自然景观与佛家气象浑然一体，既浑厚又空灵的景象。近来笔者曾亲自去金灯寺探访，发现该寺坐落于山麓之下，面临山涧，背靠青山，环境清幽，空谷传声，确实是一处修行的上佳场地。

清康熙时，地方社会重修襄垣县西营镇静业庵，撰文者冯柽明确指出：

尝谓天下名胜之区，大抵皆古刹之地也。历阅诸邑郡，其间梵宫壮丽，萧院辉煌者，固难仆数。即山之巅，水之湄，山重水复，四面环绕，萃两间秀异之气，而为川岳之所降灵者，亦莫不参差掩映，使人指而目之曰："此某庵也，某寺也。"嗟嗟！降自近代，禅林大

① 《游宝岩寺观金灯七言古风》，明万历二十年（1592），现存平顺县背泉村金灯寺。

半居天下之胜概耳。余僻居山谷，未获纵观天下诸名胜，然而一丘一壑间，亦间有林麓萧□，烟云缭绕，饶有雅逸之致。即如余舍之东南隅，地名道场者，负山面河，烟火数家，大有古隐之风，迤逦而上，峰回路转，半隐半现，引人入胜者，则有明季毛县主所题之“净业庵”在焉。登其堂，地少无尘，惟见竹篱花坞之傍茅屋数椽而已。[1]

这大致说明了佛寺的一个选址原则。长治浊漳河流域山水交错，是典型的山地农耕区，所以寺院也适逢其会，因地制宜地建到了山水之间。平顺县南耽车村南山山巅在清初被称作明山胜景：

东临漳谷，潭深百尺；西倚松峰，逸云往来，皓鹤时至；北绕漳河，南则明山，又号锦峰。相传其景有十：曰松峰集鹤，曰丹山露明，曰翠尖虎穴，曰涧下龙潭，曰岩崖见佛，曰红霞晚照，曰烟云时封，曰银河如带，曰□岩似锦，曰四时翠蔼，岂不佳山水哉？登是祠也，四面奇观，一览收尽，诚神明之所窟，游人之憩。[2]

正因为如此美丽的风景，所以山上早就有供奉释迦的佛殿，后来颓废。清代山民张安梦中有感，倡议修建了正殿三楹，内塑三教圣人像及观音大士像。后又有道人真明拜访乡里大姓许连科、段文焕，在他们的支持下建立东角殿三楹，内塑碧霞元君像；西角殿三楹，内塑白衣广生子孙祠等像。[3]

武乡县黄岩村甘泉寺选址在村西山下，自建造至清乾隆时二百九十八年未曾迁址，就是因为此处：

山不高而秀丽可悦，水不深而清流可挹，奇峰怪石，难以名状，僻壤也，亦佳境也。骚人韵士，恒流连焉。

……

① 《改作静业庵序》，清康熙五十五年（1716）年，现存襄垣县西营镇奶奶庙。

② 《重修名山胜景碑记》，清顺治十三年（1656），现存平顺县南耽车村南垴山。

③ 同上。

推其建造之意，虽曰尊崇佛教，亦以风景所关。[①]

武乡县圆通院所处之地风景奇特。每当雨过天晴之际，该地便有云气起伏，若隐若现，而主峰直冲云霄，恍恍惚惚，不可测度。等到登上山顶，又见天涯漫漫，人飘飘然如在云中一样。此处云峰合一，宛如仙境。清嘉庆年间，僧人悦和惊叹于此地景色之美，于是就地建起圆通院，修行弘法。[②]

寺院建于山水之间也有其实用性的考量。为满足取水需求，寺院附近必有河流。当然，直接建于河边的寺院也并不多见，因为除了取水问题外，寺院还要注意防洪问题。浊漳河地区原是水量丰沛的地区。精卫填海故事就流传在长治浊漳河一带。该故事最早出于《山海经》：

发鸠之山，其上多柘木。有鸟焉，其状如乌，文首，白喙，赤足，名曰精卫，其鸣自詨。是炎帝之少女，名曰女娃。女娃游于东海，溺而不返，故为精卫，常衔西山之木石，以堙于东海。漳水出焉，东流注于河。[③]

这说明早期长治浊漳河地区是一片洪泽大湖。郦道元《水经注》载华北地区“长湍大浪唯漳河耳”。[④]

唐时岑参的《精卫》则言：

负剑出北门，乘桴适东溟。[⑤]

从长治地区的漳河坐船直接可以入海，说明此时漳河水量仍极丰富。

直至近现代，虽然总体雨量偏少，旱灾多于水灾，但水灾也并非罕

① 《移修寺院碑记》，清乾隆十六年（1751），现存武乡县黄岩村甘泉寺遗址。

② 《创修圆通院碑记》，清道光五年（1825），民国《武乡新志》卷三《金石考》，《中国地方志集成·山西府县志辑》（41），凤凰出版社、上海书店、巴蜀书社2005年版，第244页。

③ 袁珂：《山海经校注》，上海古籍出版社1980年版，第92页。

④ 郦道元：《水经注》卷十《浊漳水》，巴蜀书社1985年版，第211页。

⑤ 岑参：《精卫》，古诗大全网，https：//www.gushimi.org/gushi/6286.html，2020年5月25日。

见。比如，壶关县的真泽宫，就因为水势暴涨导致宫殿被淹，不得已迁移庙宇。此外，长治浊漳河流域还有大禹庙遗存，也间接验证了这一带的雨量较为丰沛。

于是，在综合考量之下，寺院会优先考虑建于离水源不远的山上。

三 山环水绕，风水佳处

除了以上考虑外，风水也是建寺者需要考虑的问题。在传统观念中，山环水绕的地方属于风水宝地。这是历代修建寺院时都要考虑的问题。

在僧人眼中，宋代平顺县实会村大云院所处地理环境与佛法相融相合。该寺位于双峰山下，举目四望，但见祥云遐迩，瑞气千条，“三十八将出具足”。“大神俱备，四神并全”，林木森森，如铺白银，百鸟转枝，走兽奔走。漳河水环绕四周，“前后有朱雀玄武，左右有青龙白虎”，“东有菩提大挂，西有龙凤之罡”，正好适合供养各类佛家神祇。僧人某来到此处，就地结庵，建立寺院。宋太平兴国八年（983）已经获得官方敕赐，由民间寺院之身纳入官方体系；天禧四年（1020），该寺又一次获得朝廷敕赐。[①]

元代黎城县看后村有七佛祖师堂。该堂位于山水环抱之中：

> 漳水掖其左，锡岗挟其右；翠岭之刑峙其前，南砘白兕之峰倚其后。……此山川钟秀之地，而作为祈福之田，倚欤盛哉！[②]

明代黎城县寿圣寺选址于寺底村的原因也在于此。寺底村所处山形险峻，水源浩瀚，“东接卧龙，西连洞府，北背辽阳，面朝早春，甲太行之秀。观其崇峰峻岭，奔崖走壑，草木茂而烟霞明，洞府深而水泉洌。四顾林峦甚美，八景之丽尤佳，蔚然而深秀，灿然光辉者此景也。真为仙佛宝胜居之境，堪为时人不舍之地。乃于宝峰山下而建立寺焉。其寺雄镇一

① 《敕赐双峰山大云院十方碑》，宋天禧四年（1020），现存平顺县实会村大云院。

② 《七佛祖师堂记》，元至正十五年（1355），现存看后村七佛祖师堂。

方，为众僧之所慕而人人共仰者，感佛之灵应也”①。

明代壶关县南岭村竹岩寺的地理位置同样如此：

> 其寺之形胜，当太行山脊，脉络蜿蜒，风水环抱。其山也有曰佛龛山，有曰三崇岩。其他诸山……峭壁悬崖，耸云峰，高万丈，四时奇美足观。其水也则瀑布泉发源自西北山而来，绕于寺左，波流萦廻，滩潭荡漾，至东南而出，拖蓝拽绿，一带清流可爱。山水之间有平原地三亩，敞豁壮丽，尚古时人卜筑为斯福地。其故基遗址尚存。洪武初年祖师祥全鼎新盖塑，殿宇峥嵘，金容俨雅。②

清代长子县赵家庄村白衣堂之所以选址于村西，就在于该地势特点：

> 介两峰之间，羊山拱秀于巽地，紫云环绕于乾宫，且清流激湍，树木葱茏，脉络潆洄，洵美且盛矣。③

民国年间，武乡县地方社会重修崇城岩圣泉寺，在修建碑文中，明确指出该寺特殊的地理位置是保持其长盛不衰的重要原因：

> 面寺皆山，而寺后一峰尤为奇观，削壁千仞，仰之悚然悬空而倾似盖者，崇城岩也距寺十余步，时闻水声□□而涌出于岩底山腰，不盈不涸者，圣泉也。斯寺之名胜甲于吾邑，固在乎山水之间。④

在人们眼中，空有山水并不是真正的风水宝地，山水只有与修行之人同在，才能交相辉映，共成大事，元代《灵通济物兹惠法师道行碑铭》就明确指出：

① 《重修白岩寿圣寺下院记》，明正统十四年（1449），现存黎城县寺底村。

② 《重修竹岩寺记》，明弘治八年（1495），现存壶关县南岭村。

③ 《创修白衣堂碑记》，清嘉庆十六年（1811），现存长子县赵家庄村白衣堂。

④ 《重修圣泉寺东西楼暨韦驮碑亭记》，1913年，现存武乡县崇城寨圣泉寺。

天地之间，仙山灵岳，必为异人神士之所居。如广成子于崆峒，陈希夷之于太华，司马子微之于天台，陆修靖之于庐山，烟萝子之于天坛是也。大抵山之有仙则名，水之有龙则灵，若山无仙，则虽峰崑耸翠，林麓参差亦空山也。若水无龙，虽澄澜湛滟，浪涌波源亦空山也。山仙相资，乃所以成洞天福地；水龙相契，乃所以成龙宫水府。或山名而镇一方，或水灵而应百里。古今学仙者无不逸志于名山福地洞渊水府也。[①]

第二节　建于可补正风脉之处

如果按坐落地址分，中国佛寺大致可分为三类：一是在都市；二是在山林；三是在村落。长治浊漳河流域并无大的都市，府治所在地可能就是该地最大的都市了。此外，县城也可勉强称为都市，乡镇则已与村落无异。位于都市的寺院虽然存在，但由于相关的资料较少，难以分析其选址原则，但应该和村落选址原则相同。此外第三节也有部分内容涉及了都市部分，此处特予说明。

在长治浊漳河流域，许多佛寺位于村落。民众认为寺院给村落、民众带来了好运：

村之遐迩，受其庇荫久矣。[②]

壶关县河西村有永兴庵，早就被村民视为村运的保护者：

诚之所孚，无感不应；神之所格，有叩必灵。每岁春祈秋报，连年风调雨顺，传至数百年矣。[③]

---

① 《灵通济物兹惠法师道行碑铭》，元代，现存黎城县平头村。

② 《增修三教堂戏楼碑记》，清道光二十五年（1845），现存平顺县遮峪村。

③ 《重修佛殿新建戏楼碑记》，清嘉庆二年（1797），现存壶关县河西村。

该村地惬人稀，但仍然花费数千金修建了永兴庵。寺院对村落的保护作用，当然可以通过民众的祈拜活动实现。但同时，民众认为，寺院本身就有避邪聚福的作用，适当的建筑位置会增强这种作用，使寺庙起到补正村落风脉的作用。在民众眼中，如果风脉出了问题，整个村落的发展就会遇到困难。此时，民众就要对其进行补正：

> 脉之涣者宜豫为之萃，气之缺者宜早为之补。①

以神灵之威补正风脉是通行的做法。当佛教传入民间后，它就和中国民间信仰交融到了一起。早期佛寺很少参与到民间的春祈秋报之中去，但随着它与中国民间信仰关系的深入，这种情况也被打破。从现有资料来看，在长治浊漳河流域，明清以前，少见有专业性寺院融入民众日常生活祭祀的情况，但此后，这种情况明显增加。除山林与都市之外，乡野村落也是中国佛寺的分布区。而且，这部分寺院所占的地域范围更广。长治浊漳河流域许多寺院就建立在村落之间或依村而立。至于观音阁、三教堂等专业化色彩相对淡化，与民众生产生活息息相关的佛寺融入民众生活的情况更加普遍。上党民众总结了村落佛寺的情况："梵刹鳞星……通都巨衢不具论，降至僻里荒村，仅盈百户，又悬崖旷野，人迹罕经，亦多有贝宫巍焕于其中。"有时，儒家所倡导的忠臣义士之祠经常寥落，纪念者只能在"荒烟寂寞之乡"凭吊，相反，佛寺莲座"峨然焕然于晨钟暮磬之下"。② 它们同样遵循着民间信仰观念中补正风脉的原则。

一　佛寺与中国民间信仰的对接

武乡县温家沟村有慈云庵，本属佛寺，但村民早将其视为普通民间信仰的一部分，每年按时祭祀："春秋匪懈，享祀不忒。"至清道光年间，慈云庵经"风剥雨蚀，鸟啄鼠穿"，有"栋折摧崩之惧也"。于是，合村

① 《创建五谷财神庙记》，清嘉庆二十年（1815），现存长子县慕容村五谷财神庙。

② 《永兴寺重修碑记》，清乾隆三十一年（1766），民国《武乡新志》卷三《金石考》，《中国地方志集成·山西府县志辑》（41），凤凰出版社、上海书店、巴蜀书社 2005 年版，第 236 页。

出力，自春天修到秋天，使得村落“献羔演剧，秉烛焚香”，“春祈秋报”有了合适的场所与足够的空间。[①]

即使离村落很远，但是只要民众认可，寺院也会成为祭祀圣地。明代武乡县石门村有清泉寺，该寺建于离县城五十里左右的山上。“其山雄峙，巍然坐镇，横汉表之孤峰，障百川东下”。前往该寺的道路难行，要在山路上走六七里，才能见中间一条较通畅的道路，“百步九折”，再行一里左右，才能到达该寺。就是这样一座不易到达的寺院，成为方圆数百里有名的祈福之所。这不是一般意义上的民众烧香，也不是进香庙会，而是真正融入于普通民众的迎神祭祀中，是有组织的“春祈秋报，岁时享祀”。[②]

壶关县白云寺在清代已成为信仰圣地，完全融入了民众生活之中。“昔之白云寺者，乃诸神安妥之所，厥灵赫濯，功在生民。圣功之荫庇益厚，士民之属望弥殷，则此寺不可令其废也明甚。”于是，该村分别在嘉庆、道光、咸丰年间重修，以使其不至于倾颓。而且，时间越后，参与的村、社、镇越多，早先维修不过十几个村、社，至咸丰时则增加了很多，除荫城、二仙观外，还有四大社、皇王社、米山北里社、浙水社、合涧晋商社、冶南社、河交六合社、东西马安社、大四社、河东社、丁家岩大王社、郭良社、任恤社、南水社、北水社、梁家庄社、磨掌社、神郊北四社、芳岱社、回车社、郭堡社、神郊南社、□山社、□水社、孝义西社、陵川县西关北社、东庄社、霍村社、北柱社、杨寨社、郭脚社、东韩社、南郊社、牛洞上社、红脑南社、下河社、北召社、西□大□社、柳泉社、鹅屋社、和尚垴、福头社、后沟社、米山西沟社、流泽社、羊川社、赵迪社、教掌社、三教堂、云盖寺、祖师社、板安窑龙王社、□□□太山社、三圣社、东西掌牛王社、观音堂、关帝社等五十多个社及其所在村落。[③]

也正是在这一趋势之下，佛寺与其他庙宇融合到了一起。

武乡县韩壁村“土厚水深，代产贤达”，民众认为这是村南有宝峰寺

---

① 《重修慈云庵碑》，清道光八年（1828），现存武乡县温家沟村。

② 《重修清泉寺碑记》，明崇祯九年（1636），民国《武乡新志》卷三《金石考》，《中国地方志集成·山西府县志辑》（41），凤凰出版社、上海书店、巴蜀书社2005年版，第234页。

③ 《重修白云寺记》，清咸丰元年（1851），现存壶关县桥紫团村白云寺。

镇守的结果。该村寺庙很多：村落东边的牛山，有碧霞元君宫、康惠昭泽王庙；北边深池旁有蜗皇宫、文昌阁；再迤逦往西，有关帝庙、关帝阁、土地祠；离寺院不远，又有观音堂。不过，这些寺庙都不是村落的主庙。它们或相生，或相让，如人的左右手，又如众星拱卫北极星一样，四面环绕着宝峰寺。宝峰寺成为"一方保障"的中心。①

正因如此，佛寺自然也就具有其他民间庙宇的功能。

二 佛寺对村落风脉的保障作用

许多佛寺建于山水之间，有出世倾向，但这并不意味着佛教与尘世失去联系。因为这些寺院除了国家敕建之外，都在某一村的地界，其经营仰仗村落，不可能与村落隔离，自然也就担当起了防煞补脉、聚气藏风的责任：

> 不惟神有所依，而一方之风俗赖有保障焉。②

武乡县韩壁村宝峰寺于宋代创建，扩建于元，明正统、清康熙、清乾隆年间均曾修葺过，但此后百余年后未再修葺。于是，村落在清光绪年间"计田起粟，按户捐资，以工程浩大，复募化四方"，终于完成工程。时人认为寺院磅礴的气势必会使村落产生杰出人物，是村落运势的一大转机。③

清雍正年间，襄垣县桥子岩村民认为三大士"慧观无微不照，恩无时不流，祷无人不应，相无地不现。分之各为其能，合之同心共济，远而邦域足以利国庇民，近而闾里足以藏风聚气。神功之默佑，非浅鲜也"。故而，他们集资重修了三大士堂。④

观音可能是最深入民间的佛教神。壶关县禾登村至今仍存有一通刻着

---

① 《重修宝峰寺碑记》，清光绪十四年（1888），民国《武乡新志》卷三《金石考》，《中国地方志集成·山西府县志辑》（41），凤凰出版社、上海书店、巴蜀书社2005年版，第253页。

② 同上。

③ 同上。

④ 《重修三大士堂碑记》，清雍正十年（1732），现存襄垣县南桥堙村。

“观音显圣处”字样的石碑。该碑立于清康熙九年（1670），应该是此处出现了民众眼中的观音神异事迹。基本上，长治浊漳河流域村村皆有供奉观音的场所：

> 大士观音原聆音知世苦难者，音随在而有，故随在有斯堂，音随时而有，故随时有斯堂。斯堂之有，有始葺者，有嗣葺者，有嗣葺又嗣葺者。[①]

民间认为，天地至广，无所不载；日月至明，无所不照；江海至大，无所不容：

> 夫观音虽非天地、日月、江海之比，而其德亦有至广、至明、至大者矣，是成化归于一原也。岂人之所可测哉！[②]

在这个意义上，观音虽非至高神，但其亲民形象却跃然纸上，是非常“接地气”的一尊菩萨。所以，村落观音堂持续时间长远者不在少数。以平顺县遮峪村为例，该村在修建寺庙时“村小户稀，独力难支”，即使如此，观音堂还是由清乾隆保存到了光绪年间。[③]供奉观音的建筑名称各不相同，或称大士堂，或称观音堂、观音阁，或叫白衣阁，不一而足。三大士堂也以观音为主：

> 大殿中央白衣大士，左右文殊、普贤大士。[④]

观音也会有多方位的功能，起到维护村落风脉的作用。明隆庆元年（1567），黎城县西柏峪村部分信徒有感村落风水不顺，于是集资建立观音

① 《重修观世音堂碑序》，清光绪三十三年（1887），现存平顺县遮峪村。
② 《灵感观音堂》，明嘉靖四十二年（1563），现存襄垣县西营镇窑头村奶奶庙。
③ 《重修观世音堂碑序》，清光绪三十三年（1887），现存平顺县遮峪村。
④ 《重修三大士堂碑记》，清嘉庆十年（1805），现存长治市上党区宋家庄村三大士堂。

堂，以求保佑村民平安如意，风调雨顺。①

平顺县王家庄于清嘉庆年间重修观音堂，新庙“光彩鲁耀，焕然之一新”。民众认为“真一境之奇观，千家之旺象也”。他们认为，自此之后“人民康阜，物类咸熙，非观音之默佑而何？”②

观音阁与其他庙宇配合，形成了一种功能互相补充的态势。长子县城阳村民众认为：“尝闻太上立德，其次立功，此之谓不朽。然不朽之功德，未有大于神也。盖天下之平成，惟神治生民之福泽，惟神司之。故祀典崇焉，庙宇立焉。”在他们眼中，佛教诸神与道教、儒家诸神是相互配合的，它们或“忠恕拟于东鲁”，或“慈祥遍于西垂”，或“炼金丹于武当”。于是，观音配合五谷财神庙，能护佑社稷苍生，“德无疆而功莫量”。③ 壶关县东柏坡村的观音堂，也被认为是“村之富饶所关，精神团结，秀灵钟焉。故当日富饶之风觉于远迩。”清同治年间，观音堂“经风雨飘摇而墙垣颓败”，再加上房屋稀少，迎神献戏时人多拥挤，颇为不便。于是，村民公议将扩建并新修文庙，同观音阁一起护佑村落。④

村落供奉观音的一个最主要目的就是繁衍后代。屯县市泽村不知从何时开始，人丁稀少，家户无多。村民怀疑是地脉的缘故，以致人口繁衍不力。村民公议后请来多名堪舆学家商讨如何修补风脉。所有人都说：“村中宜建白衣堂，不但维风补脉，而且催生送子，庶几克昌。厥后子孙绳绳，家门日益多，人丁日益旺矣。”于是，村落于清道光九年（1829）号召村民捐谷五石多，随后又向外放贷，“春放秋收，积少成多”，于道光十七年（1837）开始修建白衣堂。结果，临近完工时，钱粮耗尽，不能给神像开光。村民又合议献戏开光，以安定人心。共有陈、秦、刘、夏、梁、牛、佟、冯几个家族捐款捐粮。前后共计筹集谷五石一斗五升，用了六年时间放利，最后得谷四十一石八斗五升，又卖谷得钱一百一十八千六百八十文，再加上村内村外人施钱，共得钱二百千零

① 《新修观音堂记》，明隆庆元年（1567），现存壶关县西柏峪村观音堂。

② 《重修观音堂碑记》，清嘉庆五年（1800），现存平顺县王家庄村观音堂。

③ 《继修碑记》，清道光十八年（1838），现存长子县城阳村。

④ 《重修观音堂碑记》，清同治五年（1866），现存壶关县东柏坡村。

三百一十文，最终完成了佛堂修建。[①]

三　具体的选址原则

村落寺庙的营建地要由阴阳先生决定，不可草率，这从碑刻上常有阴阳先生的署名可以证明。寺院选址与其他派别的寺庙一样，都要遵守以下几个原则：

第一，在村口、路口、空旷、水口处建立堂阁。在村口路口立堂阁有两方面的意图：一是防止村落灵气外泄，二是防止外来煞气入侵。平顺县申家坪村有白衣阁。村社认为“尝思桥阁者，风脉气运相维于不敝者也。自古在昔，立斯券于村口”。由于时代久远，基址倾颓，社众感觉“村中风脉亦觉不古”。于是，村落总管申培德、申天德和社首一起，发动社众重修了白衣阁。[②]

襄垣县仓上村有三神庙，取观音、眼光、白衣洁白、光明、悲愍含义。该庙自明万历二十三年（1595）已经建成，但一直较为狭小。民众认为“神据闾门，关锁紫气；庙临池水，盛注洪流。廓而大之，于村不为无补”。村民陈俊建首先赞同，主动施舍官地五分作为庙宇基址。随后，社众踊跃参加，集资一百五十千多文，扩展了庙宇，捐塑了圣像。[③]

长子县慕夏村东是一片空旷原野。堪舆家认为只有在此地建庙栖神，村中气运才不会外泄，于是村社在此建地藏十王殿。[④]

水流经过之处也是寺院重要的选址地。明成化年间，平顺县实会村在漳河边建立了一座观音堂以“坐镇风水”，使得“山有抱环水有约束，神有凭依人有祈祷，天地清淑之气，蓄而不竭，神明钟毓之灵，积而能发也。”[⑤] 长治市上党区西苗村的东沟十字街巷处，“山近水急，左右民居，其势可畏”。湍急的水流让人极度不安，所以，清乾隆年间，村民就在此处建立了一座观音堂：

① 《建白衣神堂记》，清道光十八年（1837），现存长治市屯留区市泽村白衣大士堂。

② 《申家坪改作白衣阁序》，清道光二年（1822），现存平顺县申家坪村。

③ 《观音三神庙碑记》，清乾隆十五年（1750），现存襄垣县仓上村观音三神庙。

④ 《创修地藏十王殿碑记》，清康熙四十四年（1705），现存长子县慕容村十王殿。

⑤ 《创建实会村观音堂碑记》，明万历二十六年（1598），现存平顺县实会村。

一以崇祀典，一以防水患。[①]

总体看来，水口处建立堂阁就是要利用神灵的力量防止水灾。

第二，注重五行八卦方位。五行八卦是中国传统哲学的重要内容。八卦学说以《周易》为代表。后人对《周易》的发挥实际上有两个方向。一个是进入儒家经学体系，以卦象演绎社会政治伦理道德，另一个则进入方技术数体系，广泛应用于占卜堪舆之学。中国建筑历来讲究五行八卦方位，长治浊漳河流域的佛寺亦多有遵从者。襄垣县圪到街长期以来贫困不堪，风气败坏，一贫如洗。村民不知何故。后来，有堪舆家认为该地："乾龙入脉，震巽泄露，所以村落颓败"，要在震巽处建阁才能聚脉。于是，村民将村中的铜锣出赁来获取收入，自清雍正四年（1726）至乾隆六年（1741）几十年间积攒了白银一百五十余两。为了增强聚拢风脉的效果，村民用这笔钱同时修建了两座阁楼：朝南修三官阁三楹，朝北修观音阁三楹。村民认为从此以后，村落将岁岁丰稔。神阁金碧辉煌，崇耸壮观，池塘蔚秀，芦舍相映。往来的文人都喜欢在此洗濯乘凉，都赞叹说："此仙境也！"他们相信，此后该村必然文风大盛，人心淳良。[②]

平顺县下社村建立崇岩禅院时充分考量了这一问题。民众认为：

佛以西方圣人名者，西乃兑而临乾，乾乃西北临兑。兑，金也。位居西方，故曰极乐净土。乾，天也，位居西北，北乃坎位，坎曰水言，故乾为天而兑为泽。天泽成履，异所乘德道用此。北水西金，以水生金，以水藏金，以修以炼，故得金身丈六以成佛也。[③]

平顺县源头村龙门寺所处地点也符合五行八卦的排列原则：

---

① 《重修观音堂前后始末记》，清乾隆三十三年（1768），现存长治市上党区西苗村。

② 《创建观音三官阁卧碑记》，清乾隆六年（1741），现存襄垣县圪到街。

③ 《重修崇岩禅院记》，明正德八年（1513），现存平顺县下社村。

> 北有丘陵，上居天官。丘陵之上，玄山耸然，前有清流，溶溶足玩。源泉之傍，看经名岩。数珠山背后，袈裟山满面。驼经山在左，说法山在右，石佛像居于巽隅，系公山轮子修制。石竜出水于坤方，亦皆古人创作，镜碑竖于艮向，其朗朗可喜。①

不过，由于各村堪舆家知识、派别、理解各不相同，所以五行八卦方位也没有定规。长子县王晁村西北处的居民多穷困潦倒。民众认为是此地缺少神灵镇守，导致煞气入侵的结果。于是，村社请了几位风水先生来议定建庙地点，几人观点却不一致：有的认为应在乾位，有的说应在坎位。村民无所适从，又去拜访同县须村的贡生常老梦。此人精通地理之学，考察后说道："南山高且大，脉自西南来。龙行西而北，盘曲又徘徊。峻结东北岭，立庙古松栽。停聚东南位，耸然结高台。回龙顾祖形，平村有由来。乾方惟补煞，坎位阁券排。艮山实为主，何必起疑猜？若云山无主，惜乎不知裁。"民众最后授受了他的说法，在维首、社首和合社公议后，于清道光十二年（1832）至十三年（1833）在西北方修大券，正北修阁券，上供玉皇神位，稍后的位置建了观音阁，以此来封堵煞气入口。②

第三节　建于具有现实功能处

佛寺之所以注重选址并非全源于人们想象中的功能，也考虑到了现实应用。

一　建于入口以利防御

神阁的建立就是如此。神阁常见于村落四面入口，是上阁下路的结构。阁眼作为村落与外界交往的通道存在，如遇特殊情况还可关上阁门，起到防护作用。此外，人们还可从阁上居高临下观察远处情况，能起到警

① 《重修燃灯佛殿记》，清顺治八年（1651），现存平顺县龙门寺。

② 《合社公议券阁碑记》，清道光十三年（1833），现存长子县王晁村成汤庙。

戒哨的作用。

明末天下大乱，武乡县城也面临着被攻陷的危机。县令将一部分逃难民众安置于东门之外关门处。关门上面无楼阁，守御十分不便。于是，崇祯七年（1634），县令自己出资，创建阁三楹，内塑观音大士像，而在周遭列以女墙炮眼。这种设置将祭祀与战争结合起来："无事则虔诚礼顶礼，有事则乘势防御，其增雄保障也。"两个月后，工程完工，有人问道："门以设险，借大士镇之何为？"他回答说观音之力可防范外来侵犯，使民众免除刀兵之苦：

> 贼氛弄兵饮马，罪业深重，殆清平妖魔也。杨柳一枝，击贼之戎索也；净水万点，醒贼之甘露也；金童玉女，锁贼之虎贲也；佛灯高燃，照贼之宝炬也；梵音声声，擎贼之号令也；金馨木鱼，击贼之金鼓也；蟠幢摇摇，剿贼之旌旄也。而大士方以紫竹为营，以莲台为障，以慈悲为斧钺，以救拔为受降。彼窃发妖魔将自消严于三千大千之内……此余借庇于神之意事神，所以为民也。[①]

二　建于要道以利公务

一些寺院建立在人烟稠密之地或交通要道的原因也往往在于寺院的现实功能。清道光元年（1821），武乡县故城镇重修大云寺的动力不是来自于信仰，而是该寺重要的地理位置。武乡县令认为故城非常繁华，"北连平遥、祁县南走沁州襄垣，西通沁源，四方客旅来游者众。"与此不对等的是寺院却年久失修，十分破旧，有损该镇形象。所以，他下令当地民众整修了寺院。从这一事件我们可以看出，寺院在当时是一个类似于形象工程的存在。程林宗认为，此时的佛教已趋于衰落了。他认为唐时虽有傅奕、韩愈号召天下人不信佛教，但其却历经唐宋而不衰。如今，没有批判佛教者，信佛之人却日渐稀少。究其原因，在于当世人都竞逐名利："求

① 《建观音阁记》，明崇祯七年（1634），康熙《武乡县志》，转引自李树生《三晋石刻大全·长治市武乡县卷》，山西出版传媒集团·三晋出版社2012年版，第600页。

名者既不肯逃之空虚，趋利者又谁能广为檀越？名利大重之时，不待庐其居火其书。”佛教不能振兴是情理之中。但是，佛寺的数量不少，原因何在？他认为，这不是因为民众真正崇信佛教，而是因为寺院在繁华地区、通都大邑已经成为一道风景。至于建立在穷乡僻壤的庙宇能够存在，是由于这些地方没有公共场所，只能借寺院之地来办理公务。即使“七宝庄严，亦不过鼎彝在望，供瞻仰而已，非真有面壁功深，历劫求佛其人也。其名存而实亡，可胜叹哉。”①

无独有偶，道光二十年（1840），武乡县石盘镇地方社会重修真静寺也是出于这一目的。当时的儒者陈默深受韩愈反佛思想影响，并不信佛。他认为，佛家讲寂灭虚无，但人生于天地之间，一切事理，皆不可作伪。所谓慈爱之心全应发自内心，积极入世。“一腔热血，奋死不顾，至以殉君父之难而罔辞，则臣焉而君其君，子焉则父其父。”这种君臣父子大义才是人生真谛，是“自具灵枢，脚踏实地”观点，不是那种只能以空言说真理，玄之又玄，妙之又妙的言论。儒家的静厚重不迁，为“立仁之体”。“静则烛照不疲以裕智之用。”静要合乎礼仪规矩，要符合时势，如此则可以适应一切社会，又与大义相符。静既不先于时势又不落后于时势，所以就会讲求诚信。所以，佛家结趺坐习并不能做到真正的静，只有讲求儒学才可达到此种状态。民众对他的言论深以为然，但仍坚持请他为重修寺院撰写碑记。其理由是，虽然他的言论全面而精当，但真静寺却是石盘不可缺少的建筑。官吏来武乡时，人马饮食会停留在此。如果官方强行将费用摊派给民众，就会激起民怨，故而只能通过寺院供给用度。同时，镇上缺乏可以商议公事的场所，也只能使用寺院来解决这一问题。每有会议，组织者就会鸣寺中之钟，击寺中之鼓召集参会人员前来寺院参加会议。由于这两个原因，民众认为寺院必须得到维修，不能任其荒废。这表明真静寺已经成为事实上的公共空间，展现了佛家与地方社会的紧密

① 《新修大云寺记》，清道光元年（1821），民国版《武乡新志》卷三《金石考》，《中国地方志集成・山西府县志辑》（41），凤凰出版社、上海书店、巴蜀书社 2005 年版，第 253 页。

结合。[①]

三　建于闹市以利修行

当然，也有人持相反观点，认为闹市修寺方显佛家本意。清道光年间，武乡县重修净尘庵。净尘的本来含义是眼耳鼻舌身意六根，色声香味触法六尘清净，不染外缘，不萌内念。净尘庵处于繁华之地，仕宦商贾聚集，人们摩肩接踵，车马相随，十步之内，非烟非雾，“翳白日而昏青云”，“不风而埃，莫辨尘里。须臾之间，白者易缁”。此地为交通要道：“南通江汉，北抵沙塞，晋人贾于南，南人之商宦于晋者率以是为通衢，策蹇担负，日相属于道。清泉白石沦于尘氛，而庵适当其冲。”这一景象实在和清修之地不符。可人们认为，正是在这喧嚣之中，才显示出寺院的重要性，认为创建者极可能是有意建庵于此，要在尘世中度化众生：“歌舞剧枝甘露，遍滴熏心，相竞相耀之气平”，在外迷途之人可回归家庭。[②]

以上为佛寺选址的几个重要原则。总体看来，无论是乡村还是都市，寺庙到最后会形成一个闭合性的格局，既防止外来煞气入侵，也防止灵气外泄，同时又具有防范外敌的功能。所以，在民众眼中，庙宇是城市守卫者，也是“一村之锁钥”。[③]如此形成的格局被称为“关锁之局”。在清康熙、民国《武乡新志》所标注的武乡著名景点中，“南关锁钥”之处就是寺庙。随着佛寺和中国民间信仰的融合，佛寺和其他庙宇混融到一起，共同担负起了守卫民众家园的任务。

① 《重修真静寺碑记》，清道光二十年（1840），民国《武乡新志》卷三《金石考》，《中国地方志集成·山西府县志辑》（41），凤凰出版社、上海书店、巴蜀书社2005年版，第253页。

② 同上书，第245页。

③ 《重修春秋阁记》，清咸丰三年（1853），现存平顺县青草洼村。

资料出处：民国《武乡新志》

第二章　国家、官方、民间群体与浊漳河流域佛寺

第一节　时代与佛寺

在中国社会，佛教兴衰与王朝政治息息相关。作为佛教传播与僧人生活最主要根据地的寺院自然也不例外。

一　两汉三国两晋南北朝时期的佛寺

按部分碑刻与清代方志所记，佛教于东汉永平时就已经传入长治浊漳河地区。东汉时出现的佛寺，数量有三：一为沁县仁胜村洪教院，始建于东汉永平十年（67），初名“弘教寺”，取弘扬佛法，教化众生之意；二为长治市上党区西原村延福寺，亦建于东汉永平十年（67）。三为武乡县小西岭村离相寺。虽然这种说法可能出自佛教徒自身的夸张或记载失误，但也不能完全否定。按学术界的主流看法，两汉之际是佛教传入中国的时间，永平时期长治浊漳河流域即有佛寺也非完全不可能。

能够确定的是后赵（319—351）时期，佛教已在浊漳河流域较成规模流传。石勒即为上党武乡，即今天长治市武乡县人。他尊崇佛图澄，大兴佛事，建立寺庙，使后赵成为北方的佛教中心。继任者石虎继续崇信佛图澄，并且取缔了西晋以前禁止汉人出家的政令，此后民众相继出家，后赵佛教盛极一时。《高僧传》言：

澄道化既行，民多奉佛，皆营造寺庙，相竞出家，真伪混淆，多生愆过。①

受业追游常有数百，前后门徒几且一万，所历州郡兴立佛寺八百九十三所。②

武乡县《大唐重修茅蓬寺碑》也提及：

昔天竺佛图澄大和上说法道场也。……圣师竺佛图澄，于晋永嘉四年东行洛阳，普济众灵，逢时大乱，圣道不行，遂隐南山，结茅修持，随相转体，静观世变，行洗脏、辩铃、育咒、役鬼、医死、卜吉之神通，遐尔轰传，奉者如云，遂至穷乡僻壤，寺立如林。③

这一段史料表明，唐人也认为在佛图澄时代，长治浊漳河一带就建立起了寺院，而长治浊漳河地区是佛图澄的主要活动区域之一。由此可见，后赵时，长治浊漳河流域有佛寺存在是极有可能的。

佛寺建立最直接的证据是武乡县西寺出土的一块残碑，上书“西寺……石勒皇”字样，成为后赵（319—351）时长治浊漳河流域有佛寺存在的最终证据。④

此后，长治浊漳河流域继续有佛寺建立。东晋太和（366—371）年间，黎城县南陌村大圣寺创建。⑤西燕（384—394）时，长治市上党区的五龙山寺已经建立：

上党五龙祠，旧云慕容永时有五色龙见于此山，因以名山而立祠。⑥

① （梁）慧皎：《高僧传》卷九《神异上》，第385页。
② 同上书，第387页。
③ 《大唐重修茅蓬寺碑》，唐调露元年（679），现存武乡县南山普济寺。
④ 《石勒西寺残碑》，后赵（319—351）现存武乡县南神山普济寺。
⑤ 《重修大圣寺最后毗卢殿碑记》，明弘治二年（1480），现存黎城县南陌村大圣寺。
⑥ 《重修五龙庙记》，唐贞观年间（627—649），现存长治市上党区五龙庙。

后凉时，长治浊漳河流域出现了至今仍远近闻名的法兴寺：

慈林寺者……神鼎元年（401）之所建也。[1]

到北魏，佛教遗迹渐多，说明佛教在长治浊漳河流域又有了新的发展。武乡县西烂柯山中的崖壁上至今仍存有刻于北魏太和七年（483）的佛教壁画。画面为一侧一正两尊佛像。右面一佛像有火焰形背光，趺跏而坐，下有莲台。左侧一像双手合十。沁县南涅水最早的石刻是北魏永平元年（508）。羊头山石窟也多开凿于北魏太和年间（477—499）。

拓跋部初时并不识佛教。《魏书》载：

魏先建国于玄朔，风俗淳一，无为以自守，与西域殊绝，莫能往来，故浮图之教，未之得闻，或闻而未信也。

不过，后来情况发生了变化：

太祖平中山，经略燕赵，所迳郡国佛寺，见诸沙门、道士，皆致精敬，禁军旅无有所犯。帝好黄老，颇览佛经。但天下初定，戎车屡动，庶事草创，未建图宇，招延僧众也。然时时旁求。

……

天兴元年，下诏曰："夫佛法之兴，其来远矣。济益之功，冥及存没，神踪遗轨，信可依凭。其敕有司，于京城建饰容范，修整宫舍，令信向之徒，有所居止。"是岁，始作五级佛图、耆阇崛山及须弥山殿，加以缋饰。别构讲堂、禅堂及沙门座，莫不严具焉。太宗践位，遵太祖之业，亦好黄老，又崇佛法，京邑四方，建立图像，仍令沙门敷导民俗。

① 《潞州长子县慈林山广德寺碑铭并序》，宋建隆初（960—962），现存长子县慈林山法兴寺。

在帝王支持下，佛教得以发展。虽然太武帝发起了中国历史上第一次灭佛运动，一度重创北方佛教，但时间持续很短，故而佛教未受致命打击。高宗即位后，立即改变了这一政策：

高宗践极，下诏曰："夫为帝王者，必祗奉明灵，显彰仁道，其能惠著生民，济益群品者，虽在古昔，犹序其风烈。是以《春秋》嘉崇明之礼，祭典载功施之族。况释迦如来功济大千，惠流尘境，等生死者叹其达观，览文义者贵其妙明，助王政之禁律，益仁智之善性，排斥群邪，开演正觉。故前代已来，莫不崇尚，亦我国家常所尊事也。世祖太武皇帝，开广边荒，德泽遐及。沙门道士善行纯诚，惠始之伦，无远不至，风义相感，往往如林。夫山海之深，怪物多有，奸淫之徒，得容假托，讲寺之中，致有凶党。是以先朝因其瑕衅，戮其有罪。有司失旨，一切禁断。景穆皇帝每为慨然，值军国多事，未遑修复。朕承洪绪，君临万邦，思述先志，以隆斯道。今制诸州郡县，于众居之所，各听建佛图一区，任其财用，不制会限。其好乐道法，欲为沙门，不问长幼，出于良家，性行素笃，无诸嫌秽，乡里所明者，听其出家。率大州五十，小州四十人，其郡遥远台者十人。各当局分，皆足以化恶就善，播扬道教也。"天下承风，朝不及夕，往时所毁图寺，仍还修矣。佛像经论，皆复得显。

之后，"显祖移御北苑崇光宫，览习玄籍。建鹿野佛图于苑中之西山，去崇光右十里，岩房禅堂，禅僧居其中焉"。佛教进一步发展。

至孝文帝承明元年（476）八月，孝文帝诏起建明寺：

太和元年二月，幸永宁寺设斋，赦死罪囚。三月，又幸永宁寺设会，行道听讲，命中、秘二省与僧徒讨论佛义，施僧衣服、宝器有差。又于方山太祖营垒之处，建思远寺。自正光至此，京城内寺新旧且百所，僧尼二千余人，四方诸寺六千四百七十八，僧尼七万七千二百五十八人。

世宗宣武帝也“笃好佛理”，至延昌年间，“天下州郡僧尼寺，积有一万三千七百二十七所，徒侣逾众”。

后人描绘了北魏时期的佛教盛况：

> 魏有天下，至于禅让，佛经流通，大集中国，凡有四百一十五部，合一千九百一十九卷。正光已后，天下多虞，工役尤甚，于是所在编民，相与入道，假慕沙门，实避调役，猥滥之极，自中国之有佛法，未之有也。略而计之，僧尼大众二百万矣，其寺三万有余。流弊不归，一至于此，识者所以叹息也。①

北齐诸帝继续支持佛教。如北齐文宣帝将国储的三分之一用于供养僧尼，这必然导致佛寺数量的增加。平顺县源头村龙门寺于北齐文宣帝天保元年（550）创建。龙门寺先名法华寺，再名惠日院，最后才改作今名。“厥初创建北齐文宣帝武定年间，实梁武第二王简文帝末年也。是时有僧法聪者，南阳新野内史陆机之兄，出尘纳戒。”法聪路过此地时，在此山雪松之下炼左拇指禅，“涌法华不计其数，指忽重生”。“文宣帝敕建修寺，额曰法华。”②

法聪“内修菩萨行，外现是声闻”，声动朝野，终于获得皇帝重视。该寺最初的寺名明显源于法聪炼指而生的法华。③北齐后主高纬也崇佛教，在国势急速衰微时，仍然兴建佛寺。长子县大南石村千佛寺于北齐天统五年（569）创建，武乡县贾封村永寿寺于北齐武平元年（570）创建，长治市百谷山的百谷寺于北齐武平四年（573）创建，襄垣县天龙寺于北齐武平四年（573）创建。时至今日，千佛寺遗留石碑底座中，仍有小的佛像留存。北周武帝时曾发起灭佛活动，但也未能完全禁止佛寺的修建。平顺县的金灯寺、长治市上党区的开元寺应该就建立于这一时期。

---

① 《魏书》卷一百一十四《释老志》，中华书局1974年版，第3030—3048页。

② 《敕赐龙门山惠日院重修碑记》，明成化十五年（1479），现存平顺县源头村龙门寺。

③ 《重修惠日院记》，明成化十五年（1479），现存平顺县源头村龙门寺。

综合种种材料判断，两汉魏晋南北朝时期，由于汉族、少数民族统治集团的扶持，长治浊漳河流域的佛寺开始出现并渐成规模，据不完全统计，这一时期至少已经有二十四座佛寺存在。

二 隋唐五代时期的佛寺

隋唐时期的佛教发展达到了一个高峰。中国佛教史上著名的宗派及其理论，诸如天台宗、华严宗、禅宗、法相宗、净土宗、密宗等均在这一时期成型并发展。这同隋唐诸帝的佛教政策有直接关系。

公元 581 年，杨坚代北周建立隋朝，汉地重归统一，佛教面临着新的境遇。周武灭佛并不以提高民众生活水平为目的，而以维护国家统治稳定为终极标靶，所以其灭佛政策并不能获得民众支持。相反，在佛徒众多的情况下推行这样的政策反而引起了民众的反感。隋文帝与周世宗的观念不同，他认为佛教有助于国家治理。在这一思想的推动下，隋建立之初，政府就放松了对民众出家的限制，并开始推动佛经结集工作：

> 开皇元年，高祖普诏天下，听任出家，仍令计口出钱，营造经像。而京师及并州、相州、洛州等诸大部邑之处。并官写一切经，置于寺内，而又别写藏于秘阁。天下之人从风而靡，竞相景慕。民间佛经，多于六经数十百倍。①

按《辩证论》统计，隋文帝在位二十年间，共度僧尼有二十三万人，海内诸寺共有三千七百九十二座，写经论四十六藏，共十三万两千八百八十六卷，修护旧经三千八百五十三部，造金铜石等各类材质佛像十万六千五百八十躯，修治故像约一百五十万八千九百四十躯，宫内所做织像、画像、珠幡、功幡等不计其数。杨广政策与其父并无二致，在要求佛徒服从于王道政治的同时，大力扶持佛教。他与高僧智顗往来密切，在建寺、写经方面也多有行动。他在大业元年（605）为文皇帝造西禅定

① 《隋书》卷三五《经籍四》，中华书局 1973 年版，第 1099 页。

寺，又于并州造弘善寺，于京师造清禅寺、日严寺、香台寺，“又舍九宫为九寺，于泰陵计庄陵二所并各造寺。平陈之后，于扬州装补故经，并写新本，合六百一十二藏，二万九千一百七十三部，九十万三千五百八十卷。修治故像一十万一千躯，铸刻新像三千八百五十躯，所度僧尼一万六千二百人”①。

唐代延续时间长，历代帝王对佛教的具体政策也有所差别，但总基调仍延续了隋朝政策，即限制与利用相辅相成。由于国务强盛与社会稳定，佛教出现了繁荣态势。

提到唐代佛教，就必须讨论唐代道教。众所周知，唐代奉行道教并非出于信仰上的原因。李渊和杨广是表兄弟，还是儿女亲家。无论理由如何充分，唐取代隋始终名不正、言不顺，属于谋逆之罪，有悖于大义名分，因而唐王朝的合法性是一大问题。为尽快取得社会认可，唐王朝将道教认可的鼻祖老子抬了出来，以论证其代隋而立的合法性。《唐会要》对此作了如下描述：

> 武德三年五月，晋州人吉善行于羊角山，见一老叟，乘白马朱鬣，仪容甚伟。曰：谓吾语唐天子，吾汝祖也。今年平贼后，子孙享国千岁。高祖异之，乃立庙于其地。乾封元年三月二十日，追尊老君为太上玄元皇帝。至永昌元年，却称老君。至神龙元年二月四日，依旧号太上玄元皇帝。至天宝二年正月十五，加号太上玄元皇帝为大圣祖玄元皇帝。八载六月十五日，加号为大圣祖大道玄元皇帝。十三年二月七日，加号为大圣高上大道金阙玄元皇帝。②

对李唐而言，道教只是一种政治资源而非虔诚的信仰。政府对道教的态度完全可以根据政治需要进行变动。同样，如果佛教能够成为政治工具的话，官方自然也可对其进行扶持。尊道与崇佛并不冲突。唐太宗晚年就

---

① （唐）法琳：《辨证论》卷三《十代奉佛篇下》，《大正藏》第52册，第509页。

② （宋）王溥：《唐会要》卷五十《尊崇道教》，《影印文渊阁四库全书》第606册，台湾商务印书馆1983年版，第634页。

十分亲近佛教。贞观二十二年（648），唐太宗想让玄奘还俗，遭到婉拒，于是决定："今日以后，亦当助师弘道。"唐太宗的转变应该同其下半生所受挫折有关。长孙皇后去世、几度征辽失败、太子废立等事都极大耗费了其心神，也使他陷入迷茫之中。更重要的是，随着日见病弱，唐太宗不可避免地会想起身后之事。对此，玄奘弟子慧立分析得较为透彻：

> 帝少劳兵事，纂历之后，又心存兆庶。及辽东征罚，栉沐风霜。旋旆已来，气力颇不如平昔，有忧生之虑。既遇法师，遂留生八正，墙堑五乘，遂将息平复。①

人面临死亡时自然会产生恐惧心理，转而向宗教寻求帮助与慰藉是一种普遍做法。佛教修行的终极目标是让人摆脱俗世烦恼，其中就包括生老病死，所以唐太宗才一面积极尝试各种丹药，一面向佛家寻求解脱之道。李世民晚年信佛的另外一个重要表现就是对因果论产生了兴趣，这可能同玄武门之变对其造成的长久心理压力有关。去世前一个多月，他与玄奘讨论因果报应问题，叹息道："朕共师相逢晚，不得广兴佛事"，算是其临终前的感慨吧。

其后高宗、武则天、中宗多有崇佛政策。唐中宗时，佛寺经济已经相当发达。辛替否曾上书批评说：

> 伏见今之宫观台榭，京师之与洛阳，不增修饰，犹恐奢丽……今天下之寺，盖无其数……是十分天下财而佛有七八……枉费钱财者数百亿；度人不休，免租庸者数十万。造寺不止，枉费财者数百亿；度人不休，免租庸者数十万。是使国家所出加数倍，所入减数倍。②

造寺几近耗光国家财力显然是一种夸张说法，但至少说明至中宗时，天下寺院已然很多。

---

①（唐）慧立、彦悰：《大唐大慈恩寺三藏法师》卷六，《大正藏》第50册，第257页。

②《旧唐书》卷一〇一《辛替否传》，中华书局1975年版，第3158—3159页。

唐玄宗对佛教也颇感兴趣，他亲自为《金刚经》作注。

至武宗时期，官方对佛教的政策一度改变。唐武宗认为佛教发展严重削减了国家财政收入、劳动力、兵员以至社会稳定。同时，他还深崇道教，对佛教违背传统社会伦理的行为十分反感。唐武宗认为：

三代已前，未尝言佛，汉魏之后，象法寖兴。是逢季时，传此异俗，因缘染习，滋蔓侈多。以至于耗蠹国风而渐不觉，以至于诱惑人心而众益迷。洎乎九有山原两京城阙，僧徒日广，佛寺日崇。劳人力于土木之功，夺人利于金宝之饰，移君亲于师资之际，违配偶于戒律之间。坏法害人，莫过于此。且一夫不田，有受其馁；一妇不织，有受其寒者。今天下僧尼不胜数，皆待蚕而衣，待农而食。寺宇招提，莫知纪极，皆云构藻饰，谮拟宫殿。晋宋齐梁，物力凋残，风俗浇诈，莫不由是而致也。况高祖太宗，以武定祸乱，以文理华夏。执此二柄，足以经邦而岂可以区区西方之教与我抗衡？①

正所谓师出必有名，这样一顶大帽子给官方灭佛提供了充足的理由。会昌二年（842），唐武宗正式下诏废佛。此次废佛，直至会昌五年（845）结束，沉重打击了佛教：

天下毁寺四千六百、招提兰若四万，籍僧尼为民二十六万五千人，奴婢十五万人，田数千万顷，大秦穆护、祆二千余人。上都、东都每街留寺二，每寺僧三十人，诸道留僧以三等，不过二十人。腴田鬻钱送户部，中下田给寺家奴婢丁壮者为两税户，人十亩。以僧尼既尽，两京悲田养病坊，给寺田十顷，诸州七顷，主以耆寿。②

从数量上看，还俗的僧尼再加上奴婢总共不过四十多万人，以唐时

① （宋）王溥：《唐会要》卷四十七《议释教上》，《影印文渊阁四库全书》第606册，台湾商务印书馆1983年版，第618—619页。

② 《新唐书》卷五十二《食货二》，中华书局1975年版，第1361页。

数千万人口而言，实在算不上是多大规模。由此可见，佛教对国家造成的危害并不像官方宣称的那样巨大。民众信佛的根源在于政府统治的无能造成了民不聊生。官方拿佛教开刀而不去想办法彻底解决民生问题，大有舍本逐末、不着重点的嫌疑。佛教本质上是在替政府背黑锅。不过，武宗灭佛并非彻底禁绝佛教，相当的佛寺得以保留。而且，这种国家强制政策虽然可以从明面上摧毁有形的寺院与僧人，但磨灭不了民众心中的信仰。此次灭佛时间也不长。综上所述，武宗灭佛对佛教打击，虽说沉重，但远远不足以致命。更何况，此后的唐代皇帝，又开始崇佛，佛教仍在官方支持下发展。政策的游离性，再加上唐王朝统治时间长、政治稳定期较长诸因素，使得佛教在唐王朝的发展环境总体较好。

基于以上原因，隋唐时期佛教在长治浊漳河流域也有了显著的发展。官员信教的情况出现。如潞州壶关人裴可，字盛德，“祖休，随任魏州司兵。父唐授朝散大夫。……信过教之冲虚，揔玄门之妙旨；敬崇三宝，归向一乘；早达苦空，悟知生灭”[①]。一些僧人也在长治浊漳河地区游历讲经。如慧宣曾于武乡县南山讲经：

> 慧宣，常州法师，与道恭同召，曾于武乡南山挂单修持，讲经说法。[②]

佛教发展最直接的表现就是新建佛寺相较魏晋南北朝数量有所增加，虽经武宗抑制，但总体上仍呈发展态势。按不完全统计，建于隋唐的寺院大致有二十八座，而连同此前已经存在的共有五十八座流传至今。

三 五代十国时期的佛寺

五代十国时期，长治浊漳河流域经历了后唐、后晋、后汉、后周交替统治。这一时期广大民众不但受到了政府苛捐杂税、劳役兵役的重度盘剥，还承受了无穷战火。连年兵匪不分的烧杀抢掠让更多的人对人生、社

① 《大周故裴府君墓志铭》，唐武周天授三年（692），现存长治市博物馆。

② 《唐慧宣南山摩崖题刻》，唐代，现存武乡县南神山始祖崖范献骊题刻下。

会、政府绝望，同时，为了谋求一饭一食，大量民众遁入空门，僧人数量大增。这就在一定程度上阻塞了政府获取劳力、兵源、钱财的途径。因此，“北方诸朝对佛教普遍采取限制赏赐名僧和度僧人的人数的政策”。①

梁龙德元年（921），祠部员外郎李枢上言：

> 请禁天下私度僧尼，及不许妄求师号、紫衣。如愿出家受戒者，皆须赴阙比试艺业施行，愿归俗者，一听自便。诏曰：“两都左右街赐紫衣及师号僧，委功德使具名闻奏。今后有阙，方得奏荐，仍须道行精至，夏腊高深，方得补填。每遇明圣节，两街各许官坛度七人。诸道如要度僧，亦仰就京官坛，仍令祠部给牒。今后只两街置僧录，道录、僧正并废。”②

这大致反映了五代王朝对佛教的基本态度。后唐庄宗同光二年（924），官方下令撤并无官方赐额的小型寺院兰若。后晋高祖天福二年（937）官方下令禁止违章私度，要求对违章私度者，“重行决断发遣，归本乡里收管色役；其元招引师主及保人等，先具勘责违犯条流愆罪，亦请痛行决断”。至后汉乾祐二年（949），司勋员外郎李钦明上疏，更请沙汰僧尼；国子司业樊伦上疏，请禁僧尼剃度。就国家总体政策看，佛教似受到限制，但效果肯定会大打折扣。一是这种政策在实施层面有多少人去认真执行难以保证，二是政策的制订者往往就是政策的违犯者，律法难以对其进行有效约束。比如后唐庄宗“自好吟唱。虽行营军中，亦携法师谈赞，时或嘲挫。”③

在这样的背景下，长治浊漳河流域佛寺的修建未受根本性影响。长治浊漳河流域佛寺的新建数量相较隋唐处于劣势，不过在频率上并未降低。这一时期，新建佛寺虽只有九座，但按整个五代的时间算，自902年至960年，共约六十年时间，平均每年0.15座，而隋唐（581年—

① 任继愈：《中国佛教史》，江苏人民出版社2006年版，第113页。

② 《旧五代史》卷十《末帝纪下》，中华书局1976年版，第146页。

③ 杜继文：《佛教史》，江苏人民出版社2008年版，第291—292页。

907 年）的 289 年的时间段内平均每年只有 0.09 座。周世宗也并非完全禁灭佛教。事实上，周世宗了解佛教对社会稳定的作用。他认为：

> 释氏贞宗，圣人妙道，助世为善，其利甚优。前代以来，累有条贯，近年已降，颇紊规绳。近览诸州奏郑，继有缁徒犯法，盖无科禁，遂至尤违，私度僧尼，日增猥杂，创修寺院，渐至繁多。乡村之中，其弊转甚。宜举旧章，用革前弊。

从这个表述看，周世宗的目的主要在于革除现有佛教弊端。他对佛教的政策和唐武宗非常相似，并非不加区别地拆毁一切佛寺，而是有所保留：

> 诸州道府县镇村坊，应有敕额寺院，一切照旧，其无敕额者，并仰停废。所有功德佛像及僧尼，并腾并于合留寺院内安置。天下诸县城郭内，若无敕额寺院，只于合停废寺院内，选功德屋宇最多者，或寺院僧尼各留一所。若无尼住，只留僧寺院一所。诸军镇坊郭及二百户以上者，亦依诸县例指挥。如边远州郡无敕额寺院处，于停废寺院内，僧尼各留两所。①

这个政策表明，有敕额的寺院是可以照旧存在的，如果一县寺院都没有敕额，各县也可以酌情留下当地规模最大的寺院、僧尼寺院各一所，或者僧寺院一所。诚然，无论是唐武宗还是周世宗，其限制佛教的政策肯定会对其统治范围内的佛寺造成巨大冲击。但是，即使没有他们的命令，一些实力、规模弱小的寺院，同样也会被淘汰。在种种变数下，就出现了寺院存留数目与当时佛教政策似乎不对等的现象。

四　辽宋金元时期的佛寺

佛教“连历隋唐。鹿苑鹤林，大兴于区宇，金仪宝像，遍奉于寰

① 《旧五代史》卷一百一十五《世宗纪》，中华书局 1976 年版，第 1592 页。

瀛”[①]。宋王朝建立后，佛教面临新的发展机遇。长治浊漳河流域先后处于北宋、金、元的统治之下。宋王朝与佛教渊源较深。《宋史》载：

汉初，漫游无所遇，舍襄阳僧寺。有老僧善术数，顾曰："吾厚赆汝，此北往有遇矣。"会周祖以枢密使征李守真，应募居帐下。广顺初，补东西班行首，拜滑州副指挥。世宗尹京，转开封府马直军使。世宗即位，复典禁兵。[②]

从这段表述看，宋太祖是接受了僧人的指点才发迹。如确有其事，就能在一定程度上解释宋太祖为何对佛教态度比较友好。这个故事在南宋成书的《佛祖统纪》中也有记载。宋代民间还流传着赵匡胤是定光佛转世的说法：

五代割据，干戈相侵，不胜其苦。有一僧，虽佯狂而言多奇中。尝谓人曰："汝等望太平甚切，若要太平，须待定光佛出世始得。"至太祖统一天下，皆以为定光佛后身才，盖用此僧语也。[③]

按学者研究，宋太祖与佛教的渊源颇深，至少他并不反对佛教。至于原因，无非是个人喜好再加上稳定政局的需要。他经常走访名寺，敕赐高僧。《佛祖统纪》还记其喜读《金刚经》：

上自洛阳回京师，手书《金刚经》，常自诵读。

对此，《佛祖统纪》也给出了评价：

汉高帝与韩彭取天下，论功行封王数十城，相继反叛，卒取诛

① 《潞州长子县慈林山广德寺碑铭并序》，宋建隆初（960—962），现存长子县慈林山法兴寺。

② 《宋史》卷一《太祖本纪》，中华书局1977年版，第2页。

③ （宋）朱弁：《曲洧旧闻》卷一，中华书局2002年版，第85—86页。

戮。光武封功臣邓禹辈，大者不过数县，以其易制故，上下无异意，智矣哉。我太祖之善驾驭英雄也，俾石守信等义社十弟释兵权于杯酒笑谈之顷，享禄私第，全其余生。上不失国恩，下不失臣节。过二汉君臣远矣。至于深居，禁中常诵佛典而欲使甲士知读兵书，是又重威保国之仁术也，智矣哉。[①]

在这段描述中，宋太祖喜佛被提高了治国之术的高度，暗含佛家仁慈之心促使宋太祖采用了温和的“杯酒释兵权”的政策。事实上，宋太祖对佛教的态度确实较为友好。他废除了周世宗的政策，以稳定北方局势，获得新归附的南方诸国认可。宋太祖也多有崇佛政策：

太平兴国元年，诏普度天下童子，凡十七万。[②]

其后历代皇帝也是如此，即使是宋徽宗也不是从真正意义上禁绝佛教。

宋宣和元年（1119），宋徽宗下诏强令僧人、寺院改名，以使其统一于道教旗帜之下：

佛改号大觉金仙，余为仙人、大士。僧为德士，易服氏，称姓氏。寺为宫，院为观。[③]

诏书一方面把佛教改得不伦不类，另一方面也表明，僧人改了称号之后仍能正常活动。于是出现了“头戴乌巾，身披鹤氅，分明是个神仙，解弄曹溪伎俩”的状况。[④]

除徽宗之外，其余皇帝都对佛教持友好态度，如仁宗即位初顶戴观音像：

---

① （宋）志磐：《佛祖统纪》卷四十三《法运通塞志第十七》，《大正藏》第49册，第396页。

② 同上。

③ 《宋史》卷二十二《徽宗本纪》，中华书局1977年版，第403页。

④ （宋）志磐：《佛祖统纪》卷四十六《法运通塞志第十七》，《大正藏》第49册，第421页。

上常顶玉观，上琢观音像。左右以玉重，请易之。上曰："三公、百官揖于下者，皆天下英贤，岂朕所敢当？特君、臣之分，不得不尔。朕冠此冠，将令回礼于大士也。"[①]

再如神宗认为：

释氏所谈妙道也，则禅者其妙法也。[②]

宋代皇帝敬高僧、崇舍利、修寺院、兴法会、雕藏经等事件不一而足，不再一一列举。

总体良好的政治环境为佛教在周世宗之后重新恢复提供了保障。与此呼应，北宋时期，长治浊漳河流域内佛寺建修活动比较频繁，新建佛寺有二十一座。

金代、蒙古及元代帝王在接替北宋统治长治浊漳河流域之前已经开始崇佛。故而，佛教仍在稳定发展。金代新建佛寺八座。蒙古、元虽崇喇嘛教，但对汉传佛教也予支持。这一时期，长治浊漳河流域新建佛寺二十八座。

总体看，至元末，长治浊漳河流域已知的寺院有一百六十四座。

五 明至1840年前的佛寺

明朝统治者推崇理学，思想文化控制加强，欲对佛教加强管理。

明初废除僧侣免丁钱，度牒免费发给；但对剃度，则严加限制，曾规定三年发牒一次，男子非四十以上，女子非五十以上，不准出家。出家者还必须经过考试，各州县寺院和僧尼数目也有限额。实行的结果，私度者依然存在，尤其是刺激了民间宗教社团的发展。[③]

长治浊漳河流域的例子印证了这一说法。明成化三年（1467），"潞州

① （宋）志磐：《佛祖统纪》卷四十五《法运通塞志第十七》，《大正藏》第49卷，第408页。

② （宋）李焘：《续资治通鉴长编》卷二百七十五，中华书局2008年版，第6732—6733页。

③ 任继愈：《中国佛教史》，江苏人民出版社2006年版，第175页。

卫明威将军顾荣偕诸寮寀，公余驻马，瞩目览观，履宝殿而欢喜，概金身以饰妆。肯心一发，遂结盛缘。舍满赢黄金，缮众工修饰，意契祇园，名驰兜率”[①]。明嘉靖十九年（1540），长治市上党区桑梓村一郭姓人家“合家断食荤味，寒月施火，暑天设茶，俱持三皈五戒，俱足净行，不犯威义，所为人也”。[②]这说明，虽然官方有意加强对佛教的控制，但民间信佛者并未断绝。新建佛寺三十一座，重修活动也十分频繁，至明亡，长治浊漳河流域共有二百五十四座寺院留存。

清入关前，已经开始崇佛。入关后，官方对佛教的政策与前代并无差异，帝王也有支持佛教者。在《雍正御选语录·御制总序》中，雍正帝就说：“如来正眼法藏，教外别传，实有透三关之理，是真语者，是实语者，不妄语者，不诳语者。”当然，雍正支持佛教的一个主要目的实际上是用自己的观点来批判不合清朝统治的佛学。他说：“朕膺元后父母之任，并非开堂秉拂之人，欲期民物之安，唯循周孔之辙，所以御极以来，十年未谈禅宗，但念人天慧命，佛祖别传，拚双眉拖地以悟众生，留无上金丹以起枯朽。岂得任彼邪魔，瞎其正眼，鼓诸荼毒，灭尽妙心。联实有不得不言，不忍不言者。”这大体表明了清代帝王对佛教的态度：治国要遵周孔，但佛教也可作为调剂补充，但必须服从于政府统需要。所以，雍正从“上古锥语录中择提持向上直指真宗者并撷其至言，手为删辑”。这些高僧主要有僧肇、永嘉、寒山、拾得、沩山、仰山、赵州、永明、云门、雪窦、圆悟、玉林等十二神师。[③]

就长治浊漳河流域而言，佛教发展也较为平稳。各级官民常有拜佛者。如康熙六年（1667）重修铁佛寺碑记中的布施名单就有：

本府壶关县正堂朱，雁翅冲云口巡检司王，见任广东广州府顺德县县丞冯嘉冠，河南彰德府安阳县举人黄嘉谏，林县生员李连鲲、李□鲲、徐申茂、王凤台，河涧举人王珍。[④]

---

① 《妆饰次林禅刹大殿佛像记》，明成化四年（1468），现存长子县慈林山法兴寺。

② 《大宗郭室人李氏墓志铭》，明嘉靖十九年（1540），现存壶关县川底村壶林书院。

③ （清）雍正帝：《雍正御选语录》，蓝吉富：《禅宗全书》第78册，北京图书馆出版社2004年版，第81—82页。

④ 《重修铁佛寺碑记》，清康熙六年（1667），现存壶关县黄崖底村。

这一时期的佛寺修建也较频繁，清前期，本地共新建佛寺二十五座。1840 年以前，长治浊漳河流域共有三百九十四座寺院留存。

六　晚清民国时期的佛寺

清代佛教在初期有兴盛迹象，但在清中叶以后亦走向衰落。究其原因，在于清初有大量明朝遗民遁入空门。这些人文化水准较高，为佛教的发展注入了新鲜力量。清中期以后，随着明朝遗民消失殆尽，佛教又缺乏更新的理论与实践支撑，故而走向了衰落。另外一个原因就是，清乾隆十九年（1754），官方通令取消官给度牒制度，这为民间私人出家大开方便之门。在佛徒数量大增的同时，其质量却未得到提升。许多僧人并不知佛理，高僧大德更是缺乏。尤其是近世以来，在国家动荡的局面下，在西化思潮的影响下，庙产兴学、反迷信运动此起彼伏，基督宗教也推波助澜，压缩了佛教的生存空间。这是晚清社会包括佛教界对当时佛教状况的一个普遍认知。①

当时名人及后来学者多有人认为这些表明了中国佛教的衰落。不过，这是个仁者见仁，智者见智的问题。因为宋以后，无论是禅宗还是净土宗，整个佛教的信仰方式是趋于简单化的。如果单纯从佛教教理、佛教徒的纯洁度来看，佛教衰落的说法是有道理的。但是，如果从信徒总量上看，它又是错误的，至少是不够严谨的。修行方式的简便只会吸引更多的信徒，而非相反。

另外，学术界普遍认为，近世以来，在国家动荡的局面下，在西化思潮的影响下，庙产兴学、反迷信运动此起彼伏，基督宗教也推波助澜，尤其是国家的庙产兴学、禁毁寺院政策都在压缩佛教的生存空间。光绪二十三年（1897），张之洞《劝学篇》刊行。光绪帝欣赏此文，认为其有助于国家变革，故于光绪二十四年（1898），维新变法期间，将其颁行天下，庙产兴学思想得以广泛传播：

① 麻天祥：《中华佛教史》（近代佛教史卷），山西教育出版社 2014 年版，第 5 页。

十年特科之诏下，士气勃然，濯磨兴起，然而六科之目，可以当之无愧、上副圣心者盖不多觏也。去年有旨令各省筹办学堂，为日未久，经费未集，兴办者无多。夫学堂未设，养之无素，而求之于仓卒。仓卒，犹不树林木而望隆栋，不作陂池而望巨鱼也。游学外洋之举，所费既巨，则人不能甚多，且必学有初基，理已明、识已定者始遣出洋，则见功速而无弊，是非天下广设学堂不可。各省各道各府各州县皆宜有学。京师、省会为大学堂，道府为中学堂，州县为小学堂。中小学以备升入大学堂之选。府县有人文盛、物力充者，府能设大学，县能设中学尤善。小学堂习四书，通中国地理、中国史事之大略，算数、绘图、格致之粗浅者。中学堂各事较小学堂加深，而益以习五经，习《通鉴》，习政治之学，习外国语言文字。大学堂又加深，加博焉。或曰："天下之学堂以万数，国家安得如此之财力以给之？"曰："先以书院改为之，学堂所习，皆在诏书科目之内，是书院即学堂也，安用骈枝为？"或曰："府县书院经费甚薄，屋宇甚狭，小县尤陋，甚者无之，岂足以养师生、购书器？"曰："一县可以善堂之地，赛会演戏之款改为之，一族可以祠堂之费改为之。然数亦有限，奈何？"曰："可以佛道寺观改为之。"今天下寺观何止数万？都会百馀区，大县数十，小县十馀，皆有田产，其物业皆由布施而来。若改作学堂，则屋宇、田产悉具，此亦权宜而简易之策也。方今西教日炽，二氏日微，其势不能久存。佛教已际末法中半之运，道家亦有其鬼不神之忧，若得儒风振起，中华乂安，则二氏固亦蒙其保护矣。大率每一县之寺观，取什之七以改学堂，留什之三以处僧道，其改为学堂之田产，学堂用其七，僧道仍食其三。计其田产所值，奏明朝廷旌奖，僧道不愿奖者，移奖其亲族以官职。如此则万学可一朝而起也。以此为基，然后劝绅富捐赀以增广之。昔北魏太武太平真君七年、唐高祖武德九年、武宗会昌五年皆尝废天下僧寺矣。然前代意在税其丁、废其法，或为抑释以伸老，私也；今为本县育才，又有旌奖，公也。若各省荐绅先生以兴起其乡学堂为急者，当体察本县寺观情形，联名上请于朝，诏旨宜无不允也。[①]

维新变法很快失败，这一措施却被部分社会精英与后来的民国政府在很大程度上延续下来。中华民国成立后，《临时约法》明确规定了信教自由，也出台了一系列保护寺庙的政策法规。此后，在新文化运动、五四运动的影响下，包括佛教在内的宗教信仰受到了强烈的冲击。北伐期间，多地出现了拆毁寺院，驱逐僧人的现象。随后，南京国民政府颁布《禁毁神祠标准》，力图将宗教与迷信、淫祠分别，指明凡属宗教的神祠，当可保留，反之，则予以取缔。属于佛教的有释迦牟尼、地藏王、弥勒、文殊、观世音、达摩等，承认了佛寺的合法性。同时，又不断有政府官员、教育界人士要求推行庙产兴学，所以双方关系时缓时急，因时因地而不同。总体看，佛寺的存废问题始终未能圆满解决。随后，抗日战争爆发，这一问题无疾而终。

但是，这些政策是否从根本上限制了佛教的发展不能一概而论。按中国佛教的发展规律，乱世正是佛教繁荣的契机。就长治浊漳河流域晚清民国的情况看，尚未见有寺庙完全被改成学校者，也未见有直接拆毁者。双方处于一种和平共处的态势：

我国维新以来，义务教育拯力推行，地方自治将次兴办。凡一坊办公所及学堂，在所必设，而地瘠民贫，经费每属阙如，则因陋就简，□祠依据，不惟使伟人硕士得以庙食千秋，而政教亦得赖兹以维持于不坠焉。[②]

此外，在相邻地区，也能见到寺庙与学校共存的情况。1925 年，沁源县龙华寺周边十六村联合重修龙华寺，事后主动请求在寺内设立高小学校。后因县长感觉地点偏僻改在了王陶村关帝庙。十六村变卖寺产、租粟，集资一千五百吊用作办学经费。同时，将庙内佛像、牌位、香案配备

① （清）张之洞：《劝学篇》，华夏出版社 2002 年版，第 92—93 页。

② 《重修三嵕庙碑记》，1920 年，现存长子县韩村三嵕庙。

齐全，又雇用了两名住持。[1]

1935年，白华村因村小人少、村内无校使得儿童只能去外村求学，“因之废学者很多”。为此，村民认为不建学校“不足以救本村教育之落后”。于是村长、社首等奋力筹得大洋一百一十余元，重修关帝庙作为学校。[2]

由此推断，长治浊漳河流域的情况应该也不例外。庙产兴学并未在当地引发激烈的矛盾。其中的原因在于长治浊漳河流域的民众虽然文化程度普遍不高，却极其注重文化教育：

> 尝思百工之首，务重农桑，儒文之行，宜劝学业。[3]

在民众眼中，教育是改变他们目前生存状态的强有力工具。故而，他们十分支持在村落设立学校。此外，庙宇确实是村中空间最大的公共场所，在经费有限的情况下，将学校设于庙宇之内是一种自然的选择。

另外，除了国家政策，从思想层面讲，反迷信思想确实影响到了长治浊漳河流域，不过遭到了地方社会精英群体的反对。他们认为，民国政府为孙中山立铜像不是迷信，那么村民立神像同样不是迷信，因为二者的目的一致，都是为了纪念圣贤和教化民众：

> 虽金碧辉煌，立庙以祀，亦所以崇德报功，激浊扬清。[4]
>
> 或崇拜其功业，或信仰其教义……神而敬之，庙而祀之，固所宜也，又岂得与迷信者一例视之哉？[5]

道德伦理与法律制度虽为治国之本，却不能完全解决社会问题：“礼义足以治君子不足以治小人；刑律只惩之于后而不能禁之于前。”在礼与

① 《沁源北乡十六村改修龙华寺碑记》，1925年，现存沁源县王头村。

② 《补修庙宇学校碑记》，1935年，现存沁水县白华村。

③ 《严禁赌博碑记》，清咸丰七年（1857），现存潞城市薛家庄村观音庙。

④ 《重修安教寺碑记》，1919年，现存黎城县郭家庄村安教寺。

⑤ 《重修关帝庙创建观音阁碑》，1918年，现存黎城县后贾岭村关帝庙。

法之外的空白之处，就只有以“神道设教”的方式来弥补。在神灵赏善罚恶行为准则的震慑下，民众“自然安于正轨而不敢横肆无忌”。他们将中国与西方的信仰作了对比。北京参议员苗雨润认为：“古圣人以神道设教，与欧西之唯神说大同而小异。近代科学家主张唯物论，谓宇宙有一切皆为物质所构成，而唯神之说每每被视为荒诞不经之谈。欧风东渐以来，时有将庙宇改为学校之举，殊不知唯物论极盛之欧西，教堂林立，犹假宗教之信仰以维系人心。”换言之，即使近代科学水平远超中国的西方，其宗教信仰亦未受到冲击，他们遇到天灾人祸，仍会“呼号祈祷，求救上帝”。在这种情况下，无论是西方传教士，还是中国政府与知识分子，借科学之口来攻击中国的宗教信仰从根本上而言无非是戴着有色眼镜来看中国的宗教，其根源在于种族而非科学。他们认为，中国国情特殊，贸然取消佛教得不偿失：“我国当新旧过渡时代，若将古圣人神道设教之遗意完全绝灭而无存，其弊岂可胜言哉？”

也正是在这种情况下，长治浊漳河一带多见地方精英参与到佛寺的修建当中。苗雨润就是其中之一。他归家度假之时，见屋旁千手菩萨庙“屋漏像颓，渐就倾圮，因思集资重修，捐银洋一百五十元以为之倡”。他又鼓动同村王声甫捐银圆三十块，号召村民捐资，最终完成了修建工程。在谈及修建目的时，他说：

> 创自何时，建自何人，虽无碑记可考，是亦为神道设教之遗意。夫菩者，觉也；萨者，性也，言其能自觉其性，度己以度人也。千手者言其手之多足以普救众生也。民国以还，争权夺利扰攘无已，倘能体菩萨之心而存救人之想，此风或可稍戢。①

他将菩萨的功能提升到了救国安民，改变混战乱局的社会局面，这种想法当时较为普遍。1929 年 2 月 26 日，熊希龄就向蒋介石建议整顿改良宗教，认为佛教可稳定社会：“远观史册，立功军人，皈依佛教者实繁有

① 《重修大悲堂碑记》，1926 年，民国《襄垣县志》卷六《营建考》，《中国方志丛书》（418），成文出版有限公司 1976 年版，第 596—597 页。

徒；近观民国革命军人，投戈为僧者亦非少数。虽其悔悟所生，由于经过战争，残杀后之所不忍，而为国家社会消弭战乱之源，亦未始无益也。”在他看来，佛教宗旨在于“无私、无欲、无我”，又以“救己、救人、救世”为目的，对于社会治理，有其独到价值。[①]

佛教界的许多知名人士如太虚等更将佛教作为救国医民的良方。他们认为，佛教的利他精神就是要求“别人有苦要援救，别人求快乐要给予”。这种精神是现实社会所需要的。他们认为当时的世界“没有一个安宁的地方。人类都过着地狱般的日子，东西两半球都燃起了烽火”。“要改造当前人类的互相惨杀”而代之以互相友善，要改造人类自利主义，而代之以“利他互惠”，“要改造人类的各种自我主义，而换以自由平等”，都可以依靠佛教精神来实现。[②]

基于此，我们认为，晚清民国的社会态势对长治浊漳河流域佛寺的修建影响不是毁灭性的。虽然目前极少发现晚清民国期间的新建寺院，但这应该和这一时段的时间太短有关，并不能显示出此时的佛教承受了巨大压力。此时新修寺院极少，也同 1937 年之后的战争环境有关。而且，虽然新修寺院只有四座，但重修活动仍然不绝。黎城县五十亩村民众认为无论时事如何变迁，但修庙传播有益于社会的道德观念是上下古今人心所同。该村人少地荒，但在 1929 年，即《神祠存废标准》公布的第二年，村落民众不分贫富贵贱，协力同心，一鼓作气重修了村内包括观音在内的多处庙宇。[③]1933 年，平顺县遮峪村重修三圣寺也是一场村落各阶层踊跃参与活动。先是有“恭水村张凤云者，好善乐施，素信因果，喜此地幽雅和寂寞，在此守庙静修，见殿宇倾颓，动修葺之心。”他唯恐独力难支，“因邀请两村维首，一善倡而众善乡应，重修南殿，翻瓦西房，又创修东厨屋两间，逐户效工，轮交木植，按地起欵，运送粮米，同心合力，争先恐

① 《熊希龄关于设立整理宗教委员会以安定社会辅助政治等问题致蒋介石函》（1929 年 2 月 26 日），中国第二历史档案馆：《中华民国史档案资料汇编》[第五辑，第一编，文化（二）]，江苏古籍出版社 1994 年版，第 1019—1023 页。

② 法舫：《佛教救世与救国》，《海潮音》1941 年第 10 期，第 446 页。

③ 《征修关帝庙建廊房观音堂龙王庙土地祠河神庙献殿戏楼社房碑志》，1929 年，现存黎城县五十亩村关帝庙。

后，不逾月而殿工告竣，举庙之中内焉神像，外而庙貌，焕然一新。”①总体看来，此时的长治浊漳河流域乡村的佛教信仰未受到实质性影响的可能性较大。

就佛寺在中国的存废情况看，它们维持着一个基本稳定的发展情况。从后面的寺院统计表来看，存在时间数百上千年的佛寺并不罕见。虽然历代的反佛、限佛、废佛政策会对佛寺的建造产生影响，但从长治浊漳河流域的佛寺增减数量来看，佛寺所受影响并不致命。此外，历代废佛运动持续性差，时间不长，寺院即使在一段时间内数量削减很多，但随后就又会恢复。寺院数量也会随着人口的增加而增加。在一个相对稳定的社会，随着人口的增加，社会物质财富也会增加，社会供养僧尼数量的上限、民众信仰佛教的人数都会有所上升。战乱时期更是信教人数增长的一个高峰期。

第二节　官方力量与佛寺

国家的大政方针，最后必然会涉及具体落实的问题。对国家政策进行操作的是主管部门与地方政府。故而，与上文在同宏观层面上的论述不同，此处主要强调主管部门、地方政府对佛寺的直接影响，是对更具体化的国家力量的阐释。

一　官方敕封佛寺

官方敕封是佛寺获得合法身份的主要甚至是唯一途径。官方会直接敕额寺院。不过，官方敕额针对的常是已经存在的佛寺。如唐代官方敕赐法兴寺，就是如此。

唐上元元年十月六日，敕以慈林寺额改广德寺额。②

宋建隆元年（960），僧人奉景任平顺县仙岩寺住持，经营至有殿宇一百余间，又做功德五百余事。建隆二年（961），朝廷下令凡天下僧尼无

① 《重修南殿碑记》，1933 年，现存平顺县石城镇遮峪村三圣寺。

② 《潞州长子县慈林山广德寺碑铭并序》，宋建隆初（960—962），现存长子县慈林山法兴寺。

敕额却未曾毁坏者，可以永远存留，此寺正在此列。宋建隆三年（962），朝廷敕赐“内库紫衣三事，黄牒一通”与住持奉景。[①] 宋太平兴国八年（983），朝廷敕赐改名大云禅院。同年，龙门寺也被敕赐改名惠日禅院。宋治平元年（1064），朝廷下敕封令，将早已存在的武乡县岩静寺改名为大云寺。同一年，长子县寺头村的大觉寺也得到了中书省的敕牒。[②]

虽然除了三武一宗灭佛及晚清民国期间一度的反佛运动外，政府大规模禁佛的情况并不多见，但由于许多佛寺属于自建，所以其合法性始终是一个问题。换言之，佛寺一天没有取得正式的合法地位，官方就能随时将已经建成的佛寺拆除。武乡县崇兴寺就在建立一百余年后突遭横祸。明嘉靖十一年（1532），知县改迁县衙缺乏木料，竟将寺院直接拆毁，将木材运走，使得“神无所依，僧无穴处”。直至三十四年以后，才有僧人重建了寺院。[③]

这使得一些民间寺院产生了危机意识。僧人、民众会通过上书的方式取得国家的认可，使寺院得以正大光明地存在，僧人得以安心从事佛事。

金统治长治浊漳河流域期间，允许民间寺院获得国家身份。壶关县常平村有古佛堂一座，“自来别无名额”。金大定三年（1163），僧人与村民共同出资，向朝廷买断了命名权，命其名为“寿圣院”。[④]

同年，礼部也回复了长子县碾张村僧人要求赐敕的要求。该村有一座无名寺院。僧人道嵩筹措资金，“乞立院名”。礼部最终赐名“妙觉院”。[⑤]

金大定十五年（1175），礼部回复武乡县会同村僧人行念的敕文是这样写的：

> 沁州武乡县会同村僧行念等，状告有佛堂一所，自来别无名额，已纳施合著钱数，乞立院名，勘会是实，须合给赐者：牒奉敕可特赐

① 《敕赐天台山惠日禅院》，元至正十八年（1358），现存平顺县石城镇源头村龙门寺。

② 《大觉寺赐敕牒石刻》，宋至平元年（1064），现存长子县西寺头村大觉寺。

③ 《复立崇兴寺碑记》，明隆庆元年（1567），民国《武乡新志》卷三《金石考》，《中国地方志集成·山西府县志辑》（41），凤凰出版社、上海书店、巴蜀书社 2005 年版，第 243 页。

④ 《尚书礼部牒》，金大定三年（1163），现存壶关县常平村敬老院。

⑤ 《妙觉院赐敕牒石刻》，金大定三年（1163），现存长子县碾张北村妙觉寺。

广福院，牒至准敕，故牒。[①]

金崇庆年间，长治市屯留区王村村民王采等五人向礼部报告，请求礼部同意平阳府妙童寺尼洪迁来作本村无名寺院的住持，并由洪迁自己准备上交钱财，买下空名院额，取名为崇福院。礼部下诏批准了此事。此次敕封，全由村民自行操办，朝廷亦未行拨款建寺，反而接受了洪迁买断院名的费用。[②]

这几个案例的共性在于，寺院都是先在民间建立，却无正式名称。显然，它们并未曾获得国家认可，理论上属于非法建筑。官方并未因此将其撤废，而是在收了买名钱后就非常爽快地敕额。这说明至少在当时，朝廷对民间私建寺院的监管十分松散，政府更看重的可能是这笔钱财。一个小小的村落寺院不会存在强硬后台，由此又可以推断，这是当时非常普遍的情况。这也符合金代佛教的发展情况。金世宗、章宗年间，正是金代佛教的繁荣时期，各地佛寺及相关建筑都大量兴建。在这一背景下，官方放松了对民间建寺的限制是合乎逻辑的。除了宋金时期外，各朝也常有敕赐这事发生。自汉至清，长治浊漳河流域共有约三十座寺院享受到了这一待遇。

二　官方裁决寺院事务

在长治浊漳河流域，政府直接插手寺院事物的事例并不多，但这不意味着政府能量的缺失。僧会司的名称会在一些寺院修建碑刻上出现，这是政府在宣示对宗教事务的决定权。有时，由于事件比较复杂，各级政府仍会参与其中，对相关事务作最后的裁决。

平顺县有妙轮院，规模宏大。后周显德元年（954），壶关县文殊院年久失修，破落不堪。于是，壶关县信徒请求妙轮院派住持去文殊院以拯救寺院。妙轮院派出僧人智宝救急。智宝到任后，除修葺寺院外，还大力开垦荒地："田之石者，植而为粟；地不毛者，辟而为田。"土地收成直

① 《会同广福院敕黄记》，金大定十五年（1175），现存武乡县会同村。

② 《崇福院赐名牒文》，金崇庆元年（1212），现存长治市屯留区王村。

接惠及两院。到宋太平兴国三年（978），官方敕赐改文殊院为胜果院。至景德年间，朝廷差派智韶、智定住持寺院。不久，二人假公济私，借口胜果院与妙轮院名字不同，要将胜果院财产从妙轮院中独立出来据为己有。双方最后对簿公堂，官府裁定胜果院败诉，仍为妙轮下院。至天圣年间（1023—1032），官方派惠间住持胜果院，结果他又重复前任行为，再次败诉。大观三年（1107—1110），两院再次因胜果院归属产生纠纷，官司层层上传至转运使处。最后，官方裁定胜果院及其田庄归属一切照旧，胜果院住持仍由妙轮院委派。双方纠葛暂时停息。到金明昌五年（1194），双方再起纠纷。明昌六年（1195），承安元年（1196），承安四年（1199），案件几次反复。参与的政府部门有提刑行使、州、部、平阳少尹各级部门，最后仍然维持原判。官方对僧人之间的争执也颇显无奈："异而复，复而异，由智宝而来，迄今主院进十有余人，各是其是，非其非。"虽然本案过程并不太详细，但明显可以看出行政力量并非可有可无，它实际上成为寺院的最终裁定者。妙轮院与胜果院之所以起纠纷，说到底还是田产的归属问题。胜果院当时有史寨田庄，规模宏大。胜果院不想将田产收入与妙轮院分享，妙轮院则坚持胜果院之所以能够振兴全是倚仗妙轮院及时委派了住持，双方主属关系不可变更。这种争执明显与佛家所言的四大皆空，不贪尘世不同。上院住持感叹："凡人辞家为释子，固当尽心竟力，各住一门之教，岂可缺缺自如……以负先师之志哉？"官方则认为此举无异于盗锦于众，"眩于利而忘于害"。[1]

官员也会帮助重修寺院。襄垣县化城寺"排列诸山而朝会四壁，环绕二水而交流前后，实形胜之地"。明嘉靖年间，当地发生饥荒，丁夫荒民无所定处，僧人随之散于四方，僧舍多被拆毁。只有一名僧人可量坚守不肯离开。嘉靖二十二年（1543），潞安府李元芳经过此地，见此地风景优美，而寺中仅剩下一名老僧，不由生出恻隐之心。他命令襄垣县令出公告招揽僧人。不到半年，近二十名僧人归来。其中有一僧人叫真德，聪明识理，被官方任命为本县僧会。十年后，他请求归隐，向县令辞职："与其

① 《重修妙轮院并胜果院田庄之记》，元至顺三年（1332），现存平顺县东寺头村。

乐于身，孰若无忧于其心，况吾孝异于儒教，何不归去来兮？”县令又让其徒孙如珊继任僧会。他见殿宇门堂僧房全部损坏，便号召众僧说：“吾辈佩服佛教，宜整理洁净，使妥佛有所，报答有方，亦可谓不忘本也。”于是，他先把自己的资财捐出，与助缘信徒李龄，化缘僧人了坚用三年时间共同重修了寺院。[①]在这一过程中，如果没有官方的第一份告示，其余工作也就无所谈起，而让僧人以僧会身份住持寺院则给修建工作创造了有利条件。

再如，壶关县沙窟村的玉皇七佛庙。就一直得到了官方的重视。

按碑文记载，玉皇七佛庙的创立充满了神异彩。元代有民众路仲平，每天“忘形落魄，如为神所凭依者，日于其处凿池运土而不以为劳。岁余得巨石，高约一丈五尺，广阔如之，其下石室二所，东西相背，左玉皇，右七佛，石像俨然，于是饰以金碧，外则构以檐楹”。该处很快成为祈祷圣地。“凡乡民之所祈请者，雨旸疾疫，无不如愿。神异既著，香火踵来，至于邻邑及他郡仰其威灵，蒙其利泽者，皆置为行祠而奉事焉。”高平县神农官次子段绍先作功德，为玉皇七佛立了行祠。既然有人行之在先，壶关本县自然也不例外。县令王全先行捐资，在玉皇七佛殿侧面建立一座小殿，又另建了房屋数间，让看寺者居住。到元至元五年（1268），郅彦明主政本县。当时壶关连年遭受蝗灾旱灾，而每次只要县令到玉皇七佛庙处祈请，就会“膏雨应祈，蝗不为灾”。郅彦明认为应该扩建庙宇以酬神恩。于是，他发动村民在简单的石室之外建造房屋，将其完全覆盖。又计划扩展基址。工程未及完工他又调至武安，元至元十六年（1279）又升职为承事郎同知潞州事的身份。此时，他仍未忘记这一工程，加之与壶关县尹牛开麟有旧，于是二人商议再次将其修葺。明嘉靖十二年（1533），壶关知县再次主持重修寺庙。正如碑文所说，玉皇七佛庙的修建“上则官长尽规划之劳，下则乡社之人多所借力”。[②]在这样一场旷日持久的维修活动中，官方力量无疑起到了重要的推动作用。清至民国，玉皇七佛庙的信仰仍在持续，而且发展成了由官方主持的大规模祭祀活动。

军方有时也会捐资修寺。水陆殿为作法事之地，对军人及其家属而言

① 《重修化城寺记》，明嘉靖三十六年（1557），现存襄垣县下良中心小学校。

② 《重修玉皇七佛庙记》，元至正十八年（1281），现存壶关县沙窟村玉皇七佛庙。

意义非凡。明万历元年（1573），在安阳县城内外的军队施舍资财，建起了金灯寺水陆殿。[①]

同样，对政府的支持，僧人也予以回馈。宋太平兴国元年（976），朝廷改仙岩寺为大云禅院，改龙门寺为惠日院。为表谢意，寺院勒石刊文，祈求“皇宫万业，帝业永昌”，“郡县君宰，美躯频迁。”[②]

三 官员以个人名义出资

在长治浊漳河流域，虽然一些寺院名义上属于敕建，官方在首次建造时也可能出力，却极少见以官方名义的经费、资财、田产拨付，随后的修复也绝大多数不是政府力量。唐时，茅蓬寺年久失修，寺院“妆彩幽微，庄严凋零”，再加上斯时政府崇佛，“广兴塔庙，绍隆三宝”，特意下诏重兴该寺，但是未有拨款下发，于是，僧人及士女信徒道成、慧明、王海福、刘金旺等三十三人“各舍净财”，重修了该寺。[③]法兴寺的例子更加突出。唐时，据传郑王曾向法兴寺捐献舍利和书册三千本之事。此后，未见有官方直接的资助。这说明地方政府与寺院的关系常常并不那么直接，如妙轮院这样惊动各部门的事件也不多见，政府在更多时候是一种隐性的存在。

首先，具有官方身份的人员许多时候只具有象征意义，而不会代表官方直接投入修建、捐资活动中去。宋元祐五年（1090），朝奉郎太常博士直史馆权知潞州军州事柱国弼鱼袋董淳为重修壶关县紫团山慈云庵撰写碑记，只是赞扬了住持信琮上人修寺的功德，却没有捐款。[④]元至元十年（1273），长子县法兴寺重修，也未见官方拨款，仅当时的长子县尹兼军奥鲁、长子县达鲁花赤兼诸军奥鲁共同参与刻立碑记。[⑤]

元至正三年（1343），长治市上党区西八村住持重修法云院。当时名

① 《水陆殿石桥记》，明万历元年（1573），现存平顺县背泉村金灯寺。

② 《敕赐大云禅院铭记》，宋成平二年（999），现存平顺县实会村大云院。

③ 《大唐重修茅蓬寺碑》，唐调露元年（679），现存武乡县南山普济寺。

④ 《新修潞州壶关县紫团山慈云院碑铭并序》，宋元祐五年（1090），现存壶关县桥上乡下寺村。

⑤ 《潞州长子县慈林山法兴寺记》，元至元十年（1273），现存长子县慈林山法兴寺。

山县主簿等官员都在碑刻上留名，却未见有官方拨款下发。[①]

明成化年间，武乡县陈村重修吉祥寺，全靠住持吉庆堂一人操办。这次重修规模宏大，不但创修了四椽五间的南阁，还修建了护法关王神祠，绘塑弥勒、菩提达摩等佛像。在这次修建中，作为官方代表的僧会司只是在石碑上留下名字而已。[②]明弘治十年（1497），相距不远的东良村洪济院也进行了维修，重建了正殿七架五楹，又塑佛像三躯，绘壁画八十四龛。如此浩大的工程，全由寺僧性辚一人完成。在维修碑记中，作为主管部门的僧会司连名字也未留下。[③]

明弘治八年（1495），长子县南陈村寿圣寺重修，长子县丞、主簿、典史、们界人士司僧会都在重修碑上留名，但未见有正式的官方资助。[④]

明嘉靖十六年（1537），寺僧可昂、了兴发愿重修离相寺。他们拓展了寺院面积，又移迁两座山门，维修了伽蓝殿、观音殿、参禅堂、钟楼、鼓楼、东廊、西廊。修复后的庙宇“飞檐舞凤，碧瓦砌鳞。宫殿宏开，云雾缭绕掩映。”[⑤]此次维修未见官方涉足。明嘉靖三十六年（1557），离相寺又进行了一次重修。知县赵民瞻、教谕魏增、儒官王政安、僧会司祖域、典史周瑜等官方人士都在重修碑记署名，但通篇未提到官方曾划拨经费。[⑥]

长子县陈村有寿圣寺。该寺经唐僖宗、宋英宗、明成祖等诸代皇帝敕封表彰，可谓是正宗的官方寺院。即使如此，官方只是划拨了一些田产，此后再没有下拨经费。艰难的处境使得寺院年久失修。明末遇峰禅师在此处担任住持，一心要补修，但此时即无村落组织帮助，又无官府支持，只能自己“躬耕积余，勤苦告成，割囊合尖十之九，持钵募捐十之一也”。这次补修主要依靠僧人经营田产，省吃俭用获得资金。具有讽刺意味的是，维修碑记的开始仍罗列了一堆当地官员的名号，计有：长子知县弓省豰，升任知县袁生芝、教育柴时茂、县丞马文卫、典史陈太昊、前任典史

① 《重修法云院记》，元至正三年（1343），现存长治市上党区西八村法院院。
② 《武乡县陈村吉祥禅寺重修碑记》，明成化十一年（1475），现存武乡县陈村吉祥寺。
③ 《重修洪济院记》，明弘治十年（1497），现存武乡县东良村洪济院。
④ 《重修寿圣寺记》，明弘治八年（1495），现存长子县南陈村寿圣寺。
⑤ 《重修离相寺记》，明嘉靖十六年（1537），现存武乡县小西岭村离相寺。
⑥ 《重修离相寺残碑》，明嘉靖三十六年（1557），现存武乡县小西岭村离相寺。

崔凤祥、句容知县马瑾、井士冯景星、进士曹凤翔、密云都督守备赵靖华、宣大督军守备冯良弼共十一人。[①]

其次，在更多的个案中，我们看到的是，官员会参与甚至主持寺院修建，但多以个人身份而鲜少以地方官府的名义。

汉楚王刘英就自建信仰场所。刘英“学为浮屠斋戒祭祀”。汉明帝诏书亦言：

> 楚王英诵黄老之微言，尚浮屠之仁祠，洁斋三月，与神为誓。[②]

刘英建造的应该是佛堂一类的信仰场所。这说明，虽然此时可能还没有独立的佛寺，但至少已经有了佛教信仰场所，而这无须通过朝廷正式认可。这一风气在后世得以延续。

武乡县广福院初建自唐代，由当时的天平军招讨使李宝亮建立。他建立此院纯属机缘巧合。他信奉佛教，“恒修善行，匪造恶因”。所率军队驻地北部有一土岗，下瞰村落，岗势秀丽，有一株古老松村，“虬拔屈曲，势若蟠龙。顶平似华盖，寿及千岁，荫覆数亩，夏则风声瑟瑟，冷气袭人”。因为此处景色优美，所以李宝亮于天福年间在松树北边建立佛堂数间，第二年又建立阿弥陀像、铸钟、立大小碑铭一十四座。[③]

宋建隆年间，住持僧人要重修慈林山法兴寺，但资金有限。僧人感慨道：“贫道到此山门三二载矣，虽负锸荷蒉，固自勉焉。而聚财兴功，须凭众力”。信徒们纷纷表示要鼎力相助。众多官员参加了本次维修中，具体情况如下：

府主太尉为求证菩提之正路而捐资；

给事郎守令张允贞信释迦四门之事迹而信奉；

文林郎亲近佛徒，重视僧人；

镇主王里武有正觉之资质；

---

① 《重修白云山寿圣寺记》，清顺治四年（1647），现存长子县南陈村寿圣寺。

② 《后汉书》卷四十二《光武十王列传》，中华书局 1965 年版，第 1248 页。

③ 《会同广福院敕黄记》，金大定十五年（1175），现存武乡县会同村。

前县令梁温明认为佛教能让人开悟。

官员们结成白莲社，屡次捐助金帛财物，但均从未以官方名义修建佛寺。[①]

明永乐年间，捐资助修襄垣县宝峰寺的官员有襄垣县县令及属官，沈阳护卫百户、沁州守御千户、沁州知州及属官礼部郎中、壶关县县丞、沁源绵上巡检、山西布政司承差等。[②]

明成化三年（1468），潞州卫明威将军顾荣来法兴寺游玩，决定施黄金重塑金身。为了感激他的施金举措，僧人为其祈福：

> 作善降祥，修因获果，禄位崇高，寿岭千古。子继孙承，腰金衣紫，壮观禅林，佛天庇保。[③]

明万历二十年（1592），平顺县令张永锡来到金灯寺，适逢住持普照正在发动合寺僧人化缘修寺，于是施银助缘。[④]

清康熙六年（1667），地方社会重修铁佛寺。本府壶关县朱姓正堂，雁翅冲云口王姓巡检司，见任广东广州府顺德县县丞冯嘉冠，河南彰德府安阳县举人黄嘉谏，林县生员李连鲲、李□鲲、徐申茂、王凤台，河涧举人王珍等也捐资相助。[⑤]

清光绪年间，圣泉寺重修，就是由当时的拣选知县，举人兼总经理张锦心一力发起的。除了他本人施钱三千文外，还有一些官员，具体包括：

武乡县正堂吴葵之：二十千文；

武乡县署刑席张澄：二千文；

武乡县儒学正堂曹和铭：二千文；

武乡县右堂王树之：三千文；

河南汲县正堂刘体恒：三千文。

---

① 《潞州长子县慈林山广德寺碑铭并序》，宋建隆初年（960—962），现存长子县慈林山法兴寺。

② 《紫岩宝峰寺重修法堂等化缘碑铭记》，明永乐十四年（1416），现存襄垣县宝峰寺。

③ 《妆饰慈林禅刹大殿佛像记》，明成化四年（1468），现存长子县慈林山法兴寺。

④ 《重修金灯寺碑记》，明万历二十年（1592），现存平顺县北泉村金灯寺。

⑤ 《重修铁佛寺碑记》，清康熙六年（1667），现存壶关县黄崖底村。

虽然官员捐资相助，但他们明显是以个人而非官方名义，碑文中也未提到官方的拨款。即使主持者张锦心也是向村民募捐，然后又去四方化募。[①]

当然，官员以个人名义捐资助庙，与一般民众的捐资有着本质区别。官员在一定意义上代表的就是官方力量。虽然没有以官府的名义，但在一定程度上证实了寺院的合法性、正规性，对寺院的筹资无疑会起到重要的推动作用。他们的权势与地位会推动其属官、民众更加主动的参与到修庙活动中。如果官员对某一寺院情有独钟，该寺院就会维持下去。如张锦心一样的官员还直接介入了寺院的维修，起到了呼吁与集结力量的作用。清光绪年间，龙门寺僧人欲重修水陆殿圣僧堂，因工程浩大，不敢决断，于是邀请有公职在身的白鉴如前来主持。他十分高兴，认为“今何适逢其会耶？人与地其有缘乎？”他的到来让众人深受鼓舞，认为“事在必为，勿以延”。最后的结果就是龙站寺得到了一次大规模的维修：添设僧舍五间，新修钟楼一座，创建门外照壁、狮台。[②]

第三节　民间群体与佛寺

在政治、官方力量之外，维持佛寺的力量主要来自民间力量。中国的官方力量不可能关注到如此众多的宗教建筑，也不可能关注到每一间村落寺庙。在官方能对全国的宗教信仰作出整体把控的情况下，信仰者的信仰行为仍较为自由。在这种有限制的宽松环境中，信仰者可以对宗教场所进行修建、经营。而且，就长治市浊漳河流域而言，诸如五台山那样能够直接获得朝廷大量赏赐的寺院极其稀少。寺院维持既然不能完全倚仗官方支持，就只有依靠民间力量。如此，民间力量主导寺院修建既有了可能性，也有了必要性。在传统社会宗教信仰持续的动力中，民间力量的作用应该超过了官方力量。那么，到底哪些群体参与了佛寺的建造与维修，从而使信仰得以持续呢？本节将择要介绍。

① 《重修崇城岩圣泉寺碑记》，清光绪十三年（1887），现存武乡县崇城岩圣泉寺。
② 《重修水陆殿圣僧堂碑记》，清光绪八年（1882），现存平顺县源头村龙门寺。

一　僧人活动

僧人自建信仰场所出现很早。尤其是宋代以后，随着佛教的世俗化速度加快，山野村落间的寺院庵堂阁增多。它们介于合法与非法之间，更难以得到政府的财政支持，于是自行筹措资金开展活动就成了一种普遍现象。

一些大德高僧有很强的吸金能力，他们的驻锡所在能够吸引大量的施主捐赠，从而完成寺院的修建。

五代后唐时期，紫峰山海会院出现了一位高僧明慧，先在黎城县松池院为众生说法，后来又来到渌水山。因其佛法精深，当时仰慕者众多，“奔赴如市”。他先后度僧十七人，散于各地寺院，作住持传法。当时的潞州节度使十分欣赏他，用自己的俸禄建延庆院一所，请明慧为住持。唐乾符四年（877），黄巢军队兵锋直指潞州，有人劝明慧远走避祸，明慧回答道：“吾久于生死，心不怖焉。若被所诛，偿宿债矣”，最后果然死于刀兵。官方极力赞赏这种临危不惧的气度，特赐谥号为“明慧大师”并以其舍利建塔。信徒张井田等捐田十四亩，作为海会院寺产，以表恭敬之心。[①]

明成化年间，有高僧净遇，为壶关县西庄村人。他自幼颇具佛性，不食荤腥，虽居俗世，却常有飘然出尘之志，曾对友人言说：“人寿百年若白驹过隙”。既然时日无多，人如果还留恋世间，追逐欲利，就会被造化所奴役，不能超越生死轮回之道，终会坠入苦海。他说：“吾将归于空间，摆脱尘累”。他无法忍受碌碌尘世，于是辞别亲人去辽州石佛寺出家。“操行孤介，常鄙世学，闭户表坐，默会自心，悟明祖意。”至天顺年间，他“掌包执锡，游于四方”，到处参拜高僧大德，开示了“顿门宗旨”，“发明心地，道契真如。”净遇所习应该是禅宗顿悟一门。这使其佛法境界大大提高。随后，他来到辽州石台头山，见该山风景优美，清幽无比，于是就“采画圆光佛像一千轴，铸造铜佛二十尊，斋僧一万众。”如此大规模的举措，并无募化之事，可见如果不是他资财丰厚，就是有人主动施舍。因为他佛法高深，所以各方慕道前来学习者众多。净遇不堪其

① 《潞州紫峰山海会院明慧大师免记》，后唐长兴三年（932），现存平顺县虹梯关霓村明慧大师塔塔身北侧。

扰，就离开寺院隐居于黎城县玉泉乡北陌里清泉山仙人洞井水庵，结草为庐。他随身仅携带二斗米，米用完后就靠野菜充饥，隐居长达二十年。后来消息又被泄露，于是“来者若云，臻千里进供”。不过几年间，向他学习的人便已主动捐资修建起了规模宏大的寺院。为了纪念净遇的功绩，后世施主还出资协助寺院建造了佛塔，并在塔内造像颂扬其功德。[①]

寺院建成后，还要修补。僧人自行捐献资财或外出募化成为重要的途径。

明弘治年间，长治市上党区北张村重建兴隆寺，住持僧遇认捐了一尊佛像。[②]

明嘉靖三十六年（1557），武乡县离相寺重修时，僧人性逮、性聪、性洛、海众、真通等成为助缘人。[③]

这向我们展示出了寺院维修的另外一种方式。僧人缘何会成为助缘人？助缘的含义同捐施有相似之处，指僧人自己出资财，不用寺内公款的捐助活动。明成化年间，在平顺县惠日院重修活动中，除了施主捐资外，僧人也自费建造了相关设施：智因、智迪同铸一口千斤钟；智祥、圆琮共绘十王圣像四十余轴；智祥造佛像一龛；圆深重新绘东殿铺瓦；智满本来想重盖东西角殿，但不幸身亡，随后智祥接替住持之位，完成了这一工作。[④]明弘治十七年（1504），圆顺、智祥等又自己出资，创建东西里角殿各六间，内塑观音神像。圆深、圆杲见东殿破旧，也自己出资，重修东殿三间，内塑佛像三尊，又修葺方丈居室。他们的行为感动了民众，认为二人为“岁寒之松柏，人中之出类者也”，认为“赠之以物，不勒文于石”，不是长远之计，于是请太学生靳钦书写碑文赞扬其行为。[⑤]明万历年间，襄垣县宝峰寺创建东西殿，本寺的才辛、广漳也捐施了圣僧像。[⑥]

需要注意的是，僧人自行出资往往是个人行为，所以有时并非全寺僧

① 《圣水寺遇公禅师道行塔铭记》，明成化二十年（1484），现存黎城县圣水寺。

② 《敕建大兴隆寺沙门古镜经宝并篆额》，明弘治十七年（1504），现存长治市上党区北张村。

③ 《重修离相寺残碑》，明嘉靖三十六年（1557），现存武乡县小西岭村离相寺。

④ 《重修惠日院记》，明成化十五年（1479），现存平顺县源头村龙门寺。

⑤ 《重修东殿记》，明弘治十七年（1504），现存平顺县源头村龙门寺。

⑥ 《敕赐紫岩山宝峰寺创建东西二殿施财碑记》，明万历三十九年（1611），现存襄垣县宝峰寺。

人都参与维修。这是因为他们自己平常负责的神像、殿宇范围不同。清顺治年八年（1651），平顺县龙门寺燃灯佛殿日久失修，僧人海广与六七名僧人“仍旧惯共力合作”，重修殿宇，证明僧人自行修建各自负责的神殿是龙门寺惯例。①

清嘉庆年间，龙门寺东殿倒塌，僧人想要重修，但又因工程浩大，资财不足而踌躇。本寺禅师广深决定自舍资财。未料事未竟，人已逝，于是，其徒绪美继承师父遗志，施银三十余两及五只羊，作价银五两，用来支付工匠报酬。②

一些僧人努力经营，积攒资财，最终完成了寺院修建。北宋时，思吴禅师在天台山惠日院居住了三十年。其间，他辛苦经营，“攘剔荒葳，惟日餐一粥，深自刻苦，以其完葺。”数年间，寺院周围竹林环绕，山间土地也多有开垦。由此，寺内有了余粮供馔。随后，思吴又开始整修寺院，共整修了上百间房屋。③

清代武乡县有僧人悦和，先剃度于圣泉寺，后来到圆通院所在地，自行出资购买田产若干安顿下来。他见此地景色幽静，为修行圣地，于是不想离去。为获得修行弘法的场所，他自己出资，自嘉庆七年（1802）到道光五年（1825）历经二十四年重修了寺院，具体过程如下：嘉庆七年（1802），先修东房三间；九年（1804），修西房三间；十年（1805），修正殿三间；十一年（1806），塑像金妆，修东西禅房六间；十二年（1807），修西窑三间；十四年（1809），修南房三间；二十年（1815），修佛阁七间、大窑五间、斋厨二间；第二十三年（1818），修法堂三间、东栖五间；道光元年（1821），修门楼一座及子墙影壁；五年（1825），修洞门一座。共计创建殿宇房屋四十三间。所有资财居然全是个人所出，没有任何募化行为。当旁人问起时，悦和十分平静：“此自有数，如平地造七级浮屠，日积月累，自然功成。”这段言语颇得佛家真意，展现了其

① 《重修燃灯佛殿记》，清顺治八年（1651），现存平顺县源头村龙门寺。

② 《重修龙门寺东殿佛像碑记》，清嘉庆九年（1804），现存平顺县源头村龙门寺。

③ 《大宋隆德府黎城县天台山惠日禅院住持赐紫沙门思吴预修塔铭》，宋政和二年（1112），现存平顺县源头村龙门寺。

超然的修行心态。正是由于这种平和心态，悦和年近八十时仍然身体强健，因而，时人感慨敬佩，认为“非有得于中者不能也。其所名圆通者，亦自然妙觉之义，仍与常住之极乐丁印合云”[①]。

僧人的修寺行为常常耗时长久，十分艰难。平顺县中五井村有彰法寺，自清嘉庆二年（1797）开始，寺僧真瑞与其徒侄徒孙就四方募化补葺，先后修补了大殿，重塑了毗卢佛像，金妆了二菩萨，二十四诸天像，重修了千佛殿，但因钱粮问题半途暂停。接着，“管寺事进普新圆寂”，接替者普年等亦相继逝世，其余寺僧染疾者有十之八九。工程又因人手问题停止。真瑞不忍工程半途而废，就自己出资一千余千，督工建造了释迦佛像与左右四位法身，并重新金妆了其余佛像。前后历时三十余年才完成寺院修建，过程十分艰难。[②]

二　施主类别

僧人募化需要有募化对象，喜佛之人也会主动向信仰场所赠施财物，或帮助寺院维修、经营。在碑文中，这些人被称为施主，或被称善士、信士，多有在家居士。这是推动佛教发展的重要力量。施主的成分多样，主要包括：

（一）村民

长治浊漳河流域的佛寺多处于乡间村落，即使处于深山老林不能与村落脱离关系。更重要的是，对绝大多数寺院而言，村民社众是信徒的主力，也是寺院衣食的主要来源。同样，对民众而言，佛教是他们诸多信仰中的重要一种，他们并不介意提供善意的帮助，而且，这些人中不乏较为虔诚的佛教信徒。虽然他们的文化水平有限，但对佛教最一般的教义仍能够理解，更何况，佛教发展到后来，已经日益通俗化了。

前文所述的崇福院就是由村民自动发起修建。除住持自费买断院名

① 《创修圆通院碑记》，清道光五年（1825），民国《武乡新志》卷三《金石考》，《中国地方志集成·山西府县志辑》（41），凤凰出版社、上海书店、巴蜀书社 2005 年版，第 244 页。

② 《彰法寺重修碑记》，清道光二十九年（1849），现存平顺县中五井村。

外，本村村民牛付、王才、王智等30余人参加了本次命名立碑的活动。

明清以前，村落组织少有自行修建寺院者，许多寺院就是村民自发而建的。元皇庆年间，平顺县村民范聚等人，笃信观音，认为信奉其神可使“四民无扰挠之忧，百姓有安庠之庆”，他们“自发愿心”，捐献个人资财重修了村落白衣堂，以求观音保佑“自身并及满宅家眷平安，吉祥如意”。[①]

明弘治七年（1494），壶关县南山后村的村民李云等重修了南坡上的观音堂。[②]

黎城县下庄村本有观音堂。明崇祯年间，先有战乱，后有大旱，自明崇祯五年（1632）至十四年（1641），五谷不登，观音堂迟迟未得到有效修葺。本村信徒王应选、王明奇、王业三人，克服了田地荒芜，无处筹资的困难，自己捐献资财，重修了菩萨、十八罗汉、十二圆觉、四门小像。[③]

壶关县芳岱村有三教堂。清道光三年（1823），“天大霖雨，南殿基忽然倾圮”。村中“好义之士，乃慨然有重修之举。募化捐资，鸠工庀材”。自清道光七年（1827）至九年（1829），在社的帮助下重修了寺院。“自今以往，履其地，登其堂，睹庙貌之巍焕，仰金碧之辉煌”[④]。

黎城县性空山有三佛庙，至清光绪时“庙貌倾圮”。有张姓村民信徒“修己以敬为业，劝人以众为先，从游益众，共种福田”，见寺院破败，于是“率众重修”。[⑤]

（二）商人

商人也是捐资的主要力量之一：

> 富商大贾喜于事佛者，往往割脂田金银币帛……虽侯王主第之楼台屋宇高下争雄，间有排斥者，如掬土塞江河，岂易为力哉？其源日

① 《大铎白衣堂碣文》，元皇庆元年（1312），现存平顺县大铎村白衣堂。

② 《补修观音堂碑》，明弘治十一年（1498），现存壶关县南山后村。

③ 《重修观音堂记》，清顺治十七年（1660），现存黎城县霞庄村。

④ 《重修三教堂记》，清道光九年（1829），现存壶关县芳岱村。

⑤ 《重修性空山三佛庙碑记》，清光绪二十二年（1896），现存黎城县性空山三佛庙。

益深，其流日益长，其植日益固而新，由来者尚矣。[1]

长治市上党区东庄村有三教堂，为“东庄社之胜境也”，“制坐西面东，正殿三楹”，又有南北土楼，北土房、南土房各三间，又有戏楼。经历代修葺后，北房仍为土制，“院宇偏窄，戏楼反高敞巍立，于庙制似未宜”。清乾隆年间，社内决定重新补修：“戏楼不利何去之，院宇偏窄何广之，北房宜易何并增修屋宇以恢廊之。”此次维修，规模较大，所以要向外人募化资财。最后捐助的商铺有：

本村商号：天长号银一两，广兴号银一两、碧兴号银五钱、福兴芳银五钱、王肉铺银五钱、公兴号银五钱、异兴号银五钱、□兴义银五钱、珍□馆银五钱，共九家；

高平盐号：惇裕号银一两、野川店银五钱、原村店银五钱、徘徊店银五钱、建宁店银五钱、寺店店银五钱、米山店银五钱、陈堰店钱五钱、河西店银五钱，共九家；

河南汴城西商号：永兴号银一两、通兴号银一两、广兴号银一两、福兴典银一两、隆兴典银一两、裕盛号银三钱，共六家；

此外，还有石炭峪三家商号；山东等地商号二十二家。

总计四十九家商铺，捐银共二十五两一百五十文。[2]

清道光年间，壶关县白云寺周边村落欲对其重新修缮，但资金不足，于是对外募化。部分商人积极捐资，计有：人和店、兴隆号、恒兴号各捐款三百文；效兴店、永泰号各捐款五百文，恒盛号捐钱六百文。[3]

商人捐资，一是出于信仰，二是出于祈福。商人资助的并非只有佛寺，他们也会资助其他寺院。这是中国民众信仰的一个基本特征，此不赘述。

（三）致仕官员

在施主中，出现了许多致仕官员。他们人脉广泛，筹集资金更为容

① 《重修妙轮院并胜果院院田庄之记》，元至顺三年（1332），现存平顺县东寺头村。

② 《重修三教堂序》，清乾隆三十年（1772），现存长治市上党区东庄村三教堂。

③ 《补修白云寺碑记》，清道光七年（1827），现存壶关县紫团山白云寺。

易。明宣德至弘治年间，武乡县长乐村三圣寺僧人与施主王敏联络信徒出资，重建正殿三间，绘塑释迦佛一尊，绘夫子及老君画像，建观音罗汉堂，塑群佛像。随后，寺院管理者王彻堂见寺院偏狭，无法容纳僧众，就与父亲王英、堂兄王彦明大兴土木扩建寺院。此次规模更胜从前，建立了后殿、东殿、阎罗殿、护法殿、伽蓝祠，东西廊房、香积厨，塑了昆庐佛像，绘水陆画四十余轴。寺院能完成如此大规模修建的原因就在于王彻堂的堂兄王彦铭曾担任直隶保定府完县判簿。此次修建适逢其致仕回乡。由于他身份特殊，此次修建得到了地方官员的重视。武乡县知县、县丞、县主簿、典史、前僧会司都前来相助，前任县令李仁还亲自书写碑文。虽然此次修葺仍未用官方名义，但在在任、致仕官员的帮助下，此次修建得以非常顺利地完成。①

（四）女性

在宗教与信仰场所中，女性是需要特别注意的群体。在长治浊漳河流域佛寺的修建中，女性参与的方式主要有以下几种：

第一，跟随男性。具体表现为一家人写在一起，常以某某人携妻及子女的形式。襄垣县大池西庄有观音堂，清雍正时期，村落对其进行了修复。妻子刘氏就名列丈夫张英名字之后，共同施钱二百文，又出地亩钱九百六十文。② 这是女性捐款的主流形式。

第二，自主捐款捐物。明万历年间，十二村二百五十余名村民参与创建长治市屯留区石室村昆尼庵，其中妇性一百二十三名，约占总人数的一半。③ 同一时期，襄垣县宝峰寺创建东西殿，也有女性信徒捐施了佛像。④

第三，外出募化。一些女性还担负了外出募化的任务。清光绪年间，平顺县遮峪村重修观音堂时，女性就充当了这一角色。

王宗京妻出化六次，与长子共施钱五十文；

---

① 《重修三圣寺记》，明弘治七年（1494），现存武乡县长乐村。

② 《改建观音堂碑记》，清雍正九年（1731），现存襄垣县大池西庄村观音庙。

③ 《禅林碑记》，明万历四年（1576），现存长治市屯留区石室村蓬莱宫。

④ 《敕赐紫岩山宝峰寺创建东西二殿施财碑记》，明万历三十九年（1611），现存襄垣县宝峰寺。

张冬交伯母施钱五百文，出化四次；
张子学妻出化六次；
张凤鸣妻施钱三百文，出化五次；
张子朱母施钱五十文，出化三次；
张子民妻出化四次；
张凤翔母施钱一百文，出化二次；
张科母施钱五十文，出化二次；
张子香母施钱三百文，出化二次；
张水珍妻施钱五百文，出化二次；
张凤云妻出化三次；
张子银妻出化一次；
张凤闲妻施钱三百文，出化二次；
张凤积妻施钱一百文，出化一次；
张子连妻施钱一百文，出化一次；
张子信妻出化一次；
共十一人，共施钱两千三百五十文，平均每人施钱二百一十四文。
该村男性施钱者的数量如下：
纠首：王宗京施钱八百文；
张凤美施钱四千三百七十文；
维首：张永珍施钱一千二百二十文；
张凤增施钱一千四百三十文；
张子暖施钱八百文；
张凤积施钱六百文；
张□锡施钱二千四百一十文；
张子吉施钱一千一百四十文；
张子襄施钱六百四十文；
张凤陞施钱一千文；
张生施钱一千三百九十文；
张进施钱一千零三十文；

共十二人，施钱十六千零八百三十文，平均施钱一千四百零三文。①

从施钱数量上看，女性施钱普遍少于男性施钱。最少的男性捐助者王宗京施钱八百文，最少的女性即王宗京妻与长子共施钱五十文；最多的男性施钱者张凤美施钱四千三百七十文，最多的女性捐助者张永珍妻施钱五百文。从总数来看，女性施钱总量不足男性的 14%，平均施钱数不足 16%，说明了女性在信仰场域的弱势，但同时这种外出募化的行为又展示了其作用。这体现了女性在信仰的主导力上虽总体不如男性，却不是没有任何参与度。同时，女性在经济力量上主导性的不足并不能说明其崇佛的心态也同样不足，而是由于女性普遍没有经济主导权。此外，传统社会中，男主外、女主内是一项基本的社会规范，所以能够展示于公众面前的信息必定多以男性为主。长子县慈林山法兴寺宋政和二年（1112）《造像功德施主名号碑》中也只有一位女性。当然，凡事总有例外，在少数信仰活动中，女性也能成为主导者。明正德年间，秦温妻子牛氏为首就主持修建了佛塔。② 明万历年间，襄垣县甘村重修灵显王庙，就有女性社首七名参与其中。③

在所有的佛教信仰中，观音信仰是女性参与最多的，这取决于观音的女性形象与生育功能。一般而言，中老年女性礼佛的人数往往超过男性。这是一个值得关注的问题，考虑其中的原因可能有二：

一是女性礼佛的目的性非常强。她们或为求子，或为家人求平安，仍是以家庭生活为核心的诉求。除却礼拜观音之外，一些与生育有关的、女性神灵都是她们崇拜的对象。这一风俗直到今天仍然持续。在观音堂、碧霞元君庙，包括晋东南大神乐氏二仙的殿宇中，我们常可见一堆小鞋。当村中有女子求子时，就会前来送一双小鞋，有的则是求子应验后，再送来一双小鞋。

二是家庭妻子寿命普遍长于丈夫。在丈夫逝世、儿女成家之后，女性常为摆脱精神空虚而向佛教寻求安慰。我们采访过一位住持婆婆。她自述

① 《重修观世音堂序》，清光绪十三年（1887），现存平顺县遮峪村。

② 《画像石碣》，明正德六年（1511），现存壶关县南山后村。

③ 《置地护庙碑记》，明万历三十九年（1611），现存襄垣县甘村灵显王庙。

早年就信佛，在子女成家后便皈依佛门，花费六十余万元人民币在遗址上重建新寺院。寺院建成后，她常年居于寺中，不再回家。

民间村落还有女性为主的信佛组织。目前所见，一是斋会，该组织以女性为主要成员，以吃斋念佛为修行方式。所以，村落修建寺院时会出资助力。清道光十七年（1837），黎城县秋树垣重修观音阁，本村斋会便是施钱者之一：计有二十位女性施钱，每人均施八十文。[①]

二是女众会。清雍正十二年（1734），襄垣县磁窑头村重修灵应堂。本村女众会认捐圆觉菩萨像；水碾村女众会捐施金童玉女七尊。本村女众会二十一人每人施钱三百文补修菩萨像。[②]

三是念佛会。长治市潞城区村落中，1949 年以前女性自发成立了念佛会。村落女性信徒会在较为固定的时间、地点进行颂扬佛经，进香祷告。

此外，女性在村落中也常有专属的空间。尼姑庵在 1949 年前的村落中并不少见。虽然现在其保留数量远不及供奉男性神为主的寺院。这些庵堂为女性进行信仰活动提供了场所与动力。

三 捐助方式

寺院时常会遇到一些不可预料的困扰，此时施主就会出手相助。如前所述，直接捐款无疑是最主流的做法，但这并非唯一的方法。钱财太过普遍，个性不足。民众认为，有个性的捐助者更容易被神祇牢记。另外，信仰场所修建时，钱财最后也会变成实物，倒不如直接以实物替换，以免去中间的周转环节。所以，捐施者常会变换方式，将钱财直接购置成寺院需要或信徒愿意购买的物品。

（一）捐物品

宋绍圣五年（1098），平顺县石城村樊亮为保家眷平安，施檐柱一条，并将一家老小的名字全部刻在石柱上。[③] 他们认为这会让神祇知晓自

① 《金粧左右像碑志》，清道光十九年（1839），现存黎城县秋树垣村观音阁。

② 《重修灵应堂记》，清雍正十二年（1734），现存襄垣县磁窑头村奶奶庙。

③ 《龙门圭大雄宝殿重建题记》，宋绍圣五年（1098），现存平顺县源头村龙门寺。

己，从而更有针对性地保佑自己。

元至顺年间，武乡县土河村真如寺僧人欲重修庙宇，但仅凭个人力量只能修补一些砖瓦，至于大规模的修建则力有不逮。于是，乡耆樊崇、李兴等人捐献了相关物品协助修葺真如院。[①]

长子县南陈村寿圣寺的重修碑记载了施主捐物的热情：

> 四方檀那，有喜舍资财者，有愿施木植者，同结善缘，经营至完。[②]

（二）捐神像

神像是神祇在俗世的实体。在民众看来，它们是佛、菩萨的化身。如果能亲自塑建佛像，无疑会直接获得佛祖、菩萨的保佑。所以，历来信徒直接认捐佛像的做法就络绎不绝。明弘治元年（1488），宋富携妻儿老小认捐了一尊香花菩萨。[③]这是较小规模的捐赠，有时寺院维修规模较大，捐赠的神像数量也就较多。

明弘治年间，长治市上党区北张村村民苗政等和僧人通遇合作修建大兴隆寺，“上祝皇图永固，下祈黎庶丰饶”。村民、僧人直接认捐了阎君十王像：

秦广王施主：王子强；

楚江王施主：吕展；

宋帝王施主：秦友才；

五宫王施主：苗子玉；

阎罗王施主：陈端；

地藏王菩萨施主：崔旻、苗谦、通遇；

善恶极国道明施主：申祥、苗惠、苗胤；

变成王施主：张静；

---

① 《真如院记》，元至顺四年（1333），现存武乡县土河村真如寺。

② 《重修寿圣寺记》，明弘治八年（1495），现存长子县南陈村寿圣寺。

③ 《香花菩萨》，明弘治元年（1488），现存平顺县羊角沟庄罗汉堂。

泰山王施主：崔景隆；

平等王施主：郜智；

都市王施主：芮宗信；

轮轮王施主：秦子端。[1]

明嘉靖二十六年（1547），壶关县扈坡庄施主李文义、在家居士赵可实等造像三十五尊，称为“十方施主，各人造像一尊……同结善缘”。这些造像是为了充实寺院，安顿僧人。为此，僧人还作诗言道：

小衲云游数十年，无处安身到处难。
前生缺少云游债，要得安身苦尽还。

又一首：

为人万用苦芥波，自会安家便议和。
知是少病烦恼少，议人多处是非多。
荣华好似风前烛，富贵如同水上波。
总有黄金过北斗，看来尘世自消磨。
浮云一扫遮天雾，竹里三江统汩罗。[2]

清乾隆二十一年（1756），段村镇全社筹建殿宇一座。除了捐钱之外，社内人士还每人直接捐塑一尊神像，详情如下：

庠生武侨：救苦天尊一尊；

介宾武旐：秦广王一尊；

武师程塑：楚江王一尊；

赵印：宋帝王一尊；

武登禄：王官王一尊；

武密：阎罗王一尊；

---

① 《敕建大兴隆寺沙门 古镜经宝并篆额》，明弘治十七年（1504），现存长治市上党区北张村。

② 《布施造像碣》，明嘉靖二十六年（1547），现存壶关县下寺村。

佾生武三光：宝成王一尊；

庠生武锡元：泰山王一尊；

段御书：平等王一尊；

武门李氏：都市王一尊；

武门郝氏：转轮王一尊；

道人赵永庆：吏曹一尊；

李门李氏、子李枝秀：户曹一尊；

张廷敬：礼曹一尊；

武体仁：兵曹一尊；

武学□：刑曹一尊；

塑画工武瑞：站像两尊。①

寺院影响越大，造像功德主的范围就越广泛。法兴寺在宋元丰年间的重修活动就得到了来自邻近村落的施主支持。不过，因为个人资财有限，所以除正法村的郭立个人独施不动地菩萨一尊外，其余均为多人合资施像：

正法村施吉地菩萨一尊，共二十九人；

东田良村施法光地菩萨一尊，共八人；

西田良村、东王村、西王村施维胜地菩萨一尊，共十一人；

崔庄村、高平县私车村、善村施善慧地菩萨一尊，共十二人；

马户村、旺村、南张村施现前地菩萨一尊，共十二人；

浩村施主菩萨一尊，共十四人；

范村施远行地菩萨一尊，共十四人；

张店村、固益村施离垢地菩萨一尊，共十五人；

王文村、固益村施焰慧地菩萨一尊，共十六人，其中女性一名；

东冲仁村、应城村、重泓村、贾村、西琥村、柳林村施法地菩萨一尊，共六十九人；

和谷村、正法村、贾村施允主菩萨一尊，共四人。

其他寺院的僧人也会成为施主。明万历年间，襄垣县宝峰寺创建东西

① 《创建救苦殿小引碣》，清乾隆二十一年（1756），现存武乡县老干部活动中心。

殿，为填补佛像空白，官员、平民施主们各自认施，包括明玉佛、三十五佛、罗汉。本寺的才辛、广漳，长治市上党区李家庄观音堂僧道柰及徒弟，寿圣寺住持惟强等，开化寺住持才密等，香岩寺住持妙贵等，兴福寺住持善义等，圆明寺住持广元等，华蔵寺住持贤存等，沁州灵泉寺住持周恒等，土落祝寿庵真智等，黎城县南马寺满还等，黎城县寿圣寺主僧性空等都捐施了佛像。[①]

（三）捐塔及其他设施

佛塔为高僧埋骨之处，也是重要的佛寺建筑物。有时，寺院钱财有限，就只能依靠施主来完成此事。明弘治年间，平顺县遮峪村三圣寺住持圆顺等人要为金山宝禅师重建佛塔。捐资施主来自周边林县任村、石灰村、豆口村、王家庄、安阳县高饮村、本镇村、马塔、东庄村、慈林山西方里各地，共计一百三十余人。[②]

明嘉靖年间，李思仁之弟出家为僧，法号绍隆，后来病重缠身，长久不愈。于是，李思仁便许诺建佛塔一座，以求弟弟病愈，共造三十五佛、五十三佛、当阳佛、阿难迦叶十尊、对座观音、善财童子、二郎、关公、韦驮、尊天护法善神经一卷。[③]

长治市上党区桑梓村丈八寺有塔，在清康熙年间根基剥落，石座倾颓。有信徒王居辇，自出资财将其修复一新。[④]

除了佛塔外，也有别的物品。诸如钟、灯台等。唐大历八年（773）十一月，信士董希璇合家于在法兴寺内敬造长明灯台一所。

（四）捐地作为建寺或拓展之用。

施地建寺是造福田、获功德的重要方式。早期的竹林精舍、祇园精舍就是由信徒捐赠。该精舍为须达多长者与祇陀太子共同为佛陀所建。祇园

① 《敕赐紫岩山宝峰寺创建东西二殿施财碑记》，明万历三十九年（1611），现存襄垣县宝峰寺。
② 《潞州黎城县豆口里禅佛重建塔铭》，明弘治十六年（1503），现存平顺县遮峪村三圣寺。
③ 《创建佛塔记》，明嘉靖三十三年，现存黎城县看后村。
④ 《丈八寺重修塔记》，清康熙四十四年（1705），现存长治市上党区桑梓村丈八寺。

精舍在唐时仍有遗迹：

> 城南五六里有逝多林，是给孤独园，胜军王大臣善施为佛建精舍。昔为伽蓝，今已荒废。东门左右各建石柱，高七十余尺，左柱镂轮相于其端，右柱刻牛形于其上，并无忧王之所建也。室宇倾圮，唯余故基，独一砖室巍然独在，中有佛像……善施长者仁而聪敏，积而能散，拯乏济贫，哀孤恤老，时美其德，号“给孤独”。闻佛功德，深生尊敬，愿建精舍，请佛降临。世尊命舍利子随瞻揆焉。唯太子逝多园地爽垲。寻诣太子，具以情告。太子戏言：“金遍乃卖”。善施闻之，心豁如也。即出藏金，随言布地。有少未满，太子请留曰：“佛诚良田，宜植善种。”即于空地建精舍。世尊即之，告阿难曰：“园地善施所买，林树逝多所施。二人同心，式财富功业，自今已去，应谓此地为逝多林给孤独园。”①

佛教传入内地后，这一风气也随之传入。

这些土地既可扩大寺院面积，又可用来种植谷物及树木，为寺院提供资金和收入。

宋天禧年间，靳相施田产于大云院，并立下字据为寺院永远产业。②

黎城县辛村有大通寺，在明正统、弘治、隆庆年间几次重修，所以能够一直维持下来。隆庆之后，兵火连绵，更有人在山后挖土冶炼陶器，使山脉受损，寺院地基不稳，僧人纷纷离去，寺院最终成为一片废墟。在这种情况下，村贤李芳黄出资买下寺院所在地基，拆毁了陶窑，吸引僧人陆续回到寺院，大通寺得以继续维持。③

壶关县上庄村有三教堂。明崇祯年间，李增与见僧人生活清苦，缺乏购买香烛的钱财，就施地十五亩给住持僧人，许其永远耕种，收获自理，

---

① （唐）玄奘、辩机：《大唐西域记》卷六《室罗伐悉底国》，《大正藏》第51册，第899页。

② 《敕赐双峰山大云院十方碑》，宋天禧四年（1020），现存平顺县实会村大云院。

③ 《重修大通禅寺碑记》，明隆庆（1567—1572）—清康熙二十一年（1682），康熙《黎城县志》卷四《艺文志》，《黎城旧志五种》，北京图书馆出版社1996年版，第251页。

以使其能有余力管理寺院。[1]

因为村民本身属于社的成员，如果不将关系厘清，以后可能造成麻烦；同时，村民施地，有时也不完全是一种义务行为，所以社、村民、寺院三方之间要达成一致的协议。道光八年（1828）四月初四，长治市屯留区崔蒙村社动工修建佛爷庙西僧房。李尚和自愿施给寺院车路一条。作为回报，寺院滴水西边大小树木全归李尚和砍伐，而与社内无关。[2]

民众施地有时也是被迫而为。襄垣县南河口村有一座观音堂，年代久远。村民刘升夫妇于顺治二年（1645）向观音堂施地二亩五分。此次施地充满了悲惨的意味。夫妇本有儿有女，生活本来无忧无虑。可是，不知何故，崇祯十四年（1641），儿女突然离家出走，再无踪影，使得父母老迈之后无人照看。夫妇二人感慨人生无常，于是将自己的田产赠送给了观音堂。相关材料中并未提到受者有何回报，我们暂可理解为夫妇二人对人生心灰意冷的表现，也可认为在凭借子女养老送终无望的情况下，转向神祇祈福。本次施地有家族几代人共同作证，以示重视。[3]

襄垣县南峰村有村民信庚，因膝下无子将村民三明过继。后来，二人不和，信庚将三明驱逐，但田地被三明兄弟把持。于是，信庚将三明告上县衙。县衙裁决三明将土地还给信庚。家族内部商议后，同意信庚可再过继一人，得养天年。信庚性格倔强，因感情受伤害过深，坚决不再过继，突然决定将自己的田产施给本村三教庙，并任庙内住持。家族无法，便连同乡保一起清算账目，查得其施地共十一亩四分，同时还有外欠债务二十四千二百二十五文。社代为出钱清偿债务，作为回报，土地全部归由社内经营。信庚在世时以此地糊口，去世后，社负责其丧事掩埋事宜，土地则归属社内，作为寺院香火地。这种情况的施地其实是村民用土地换取社内公共养老的一种举措，是无儿无女之人的一种无奈选择。[4]

① 《三教禅堂》，明崇祯十五年（1642），现存壶关县上庄村。

② 《崔蒙村佛爷庙碑记》，清道光八年（1828），现存长治市屯留区崔蒙村佛爷庙。

③ 《修理观音堂碑记》，清顺治二年（1645），现存襄垣县南河口村。

④ 《贾慎行断案碑记》，清乾隆三十八年（1773），现存襄垣县南峰村三教庙。

第三章　民间组织、领袖与浊漳河流域佛寺——以社为核心的考察

第一节　社与佛寺

佛教自传入中国，就和民间社会结下了不解之缘。由于传统中国是一个农业社会，所以许多佛寺不可避免地处于乡野村落。同时，基于传教和生存的双重需要，佛寺不可能完全和村落脱离关系。前者需要它在村落寻找信徒，后者则需要它得到村落民众或者村落组织的帮助，主要是资财方面。上文所论的民间群体与佛寺的关系，是从个人或家庭角度出发。民间社会参与佛寺的修建，在很多时候是有完整组织性的，其中的社、会、里、甲等基层组织均有涉及，在长治浊漳河流域，最突出的就是社。至于其他组织，有丰富的相关论著，此处不再赘述。

一　社的基本概念与功能

在漫长的时段内，政府权力并未直接介入基层社会，尤其是长治浊漳河流域的许多村落杂处山间，距地方权力中心更为遥远。这一情况一直持续到中共在农村建立政权，发起革命运动为止。在当时极其不便的交通条件下，国家力量很难频繁直接与民众交涉。而且，公务人员的数量有限，也不可能对村落复杂的事务进行直接管理。故而，乡村社会需要一个自我运行的机制与组织。在长治浊漳河流域，最主要的就是社。具有官方意义

的里、甲、保也要在社的协调下活动。就目前的资料来看，在有社存在的村落，里、甲、保在民间获得的认可度明显不及社这一组织。社的本义指土地神，正所谓江山社稷，稷指谷神。按《史记》的说法：

自禹兴而修社祀，后稷稼穑，故有稷祠，郊社所从来尚矣。[①]

社早期祭祀土地神，后来发展成为祭祀当地民众认可的各类神灵。同时，社也是一个基层组织单位：

凡有功烈于民者，皆当立社以祀之。故王侯为群姓立社曰大社，士民成群立社曰置社。社会之说由来尚矣。[②]

社是基层活动的实际组织者。就长治浊漳河流域而言，如果有社的存在，村落具体事务的执行者多会归于社这一层级，里属于更高一级的机构，而甲长、保长等在很大程度上则是官方的代表，不过，他们本身很可能就是社的成员。甲长、保长、乡约、耆旧等群体同样是村落活动的组织者、发起者、倡议者，如元皇庆元年（1312），政府官员赵良向乡社耆老咨询如何重修长子县房头村灵湫庙。在绝大多数情况下，如果不是官方直接拨款组织，村落集体事务的具体实施仍以社为主力，这在明以后，尤其在清代极为明显。明洪武二年（1371）黎城县南桑鲁村重修孔庙时明确提到孔子庙除了在县城修建由官府负责外，村落的孔庙由社建立并负责修葺。[③]社负责的事务众多，但祭祀是重中之重。黎城县北流村民国年间的一块《北流村社规碑》清晰地解释了社的作用。当时北流村由义、崇礼两社不和导致祭神之事不能顺利完成。双方均认为长此以往，两社利益均会受损。于是，在多方协助下，两社商议共立社规：

① 《史记》卷二八《封禅书》，中华书局 1959 年版，第 1357 页。

② 《重修三官三教关帝庙碑记》，1915 年，现存黎城县枣镇村三官庙。

③ 《潞州黎城县重修南桑鲁孔子庙碑》，明洪武四年（1371），现存黎城县南桑鲁村孔庙。

从来法以积久而生弊，人必守议而后和。忆自宣统二年以迄于今，构怒兴讼，莫知其尤。甚至社事陨坠，农业废弛，亦有所不惜。盖因法久而人不议也。某等目睹斯事，莫不慨然太息曰：两社不睦，伤财害事，于是，协同村众，将奉神献戏、焚香奠酒以及分摊地亩等项，其有不合时宜者，斟酌损益，另拟条规……爰将所拟条规清开于左，俾后之办社事者有所遵循。

本村监生张曾有敬书

计开

两社香道每年腊月各举二位；

自十月十五日祭祀，二位焚香，二位奠酒；

春秋祭祀供戏，两社各备一供，先至者供在里面，后至者供在外面；

八月戏费并一切公项差费，按地亩公摊；

倘有违抗社规及私购地亩者，两社议罚。①

据说，先秦时，“二十五家为社”。②后世的长治浊漳河流域显然没有这么严格。由于社是一村的主要活动组织者，其成员也就主要以全村为限定范围。一般而言，一村一社的情况较为多见。但是，部分村落规模有时过大，有时又过小，这就出现了数村合为一社，或一村分为数社的情况，以便于筹资与管理。清光绪时，长治市屯留区寺底村就分为东社、西社、中社。三社主管庙宇并不一致，东社为关帝庙，西社为三义庙、祖师庙，中社为亚岳庙、五道庙。清咸丰年间，看寺村修补后墙，提到了该村分为六社。这种情况造成社名与村名不能完全一一对应，所以在一些维修捐资碑记上，有的以社的名义，有的则以村的名义。

二　社与佛寺的关系

诸多资料显示，在诸多情况下，佛寺如果想获得村落的帮助，就要获得社的同意。社能够介入寺院管理经营，和寺院等佛信仰场所越来越需要

① 《北流村社规碑》，1916年，现存黎城县北流村。

② 杨伯峻：《春秋左传注》，中华书局1990年版，第1465页。

村落、社帮助经营管理、维修有关。如前所述，宋以后私建寺院、兰若等成为一股风气。它们面临的一个重要问题就是维修。除僧人、信徒、村民等个人力量外，村落组织也渐渐参与进来。明清以前，我们少见僧人向村落组织包括社求助的情况而多有村落邀请僧人来村的情况。村落中的社应该一直存在。元延祐二年（1315），壶关县北黄马村重修龙王庙，参与者就有“社长七十多人”。[①]元至元年间，壶关县沙窟村重修玉皇七佛庙，也提到该庙维修靠的是官方和“乡社之人”。[②]但从比例上看，这样的情况仅仅有此两三例。当然，元代的社是官方规定的组织，带有一定的官方色彩，和明清以后的情况有所不同。

明清以前，寺院经济发达，僧众的经济条件普遍较好，民间也多有崇佛之风，所以寺院多有自己的田产，并可放贷生息，从事产业经营。寺院仅凭僧人和施主的力量就可以维持运转，没有留下充分的空间给村社组织参加到寺院经营管理中去。如宋时佛寺就常拥有大庄园：

> 宋代佛寺，普遍拥有庄园；有些名刹大院，庄田之多之大，更是达到令人咋舌的地步。如明州阿育王寺，寺田年收入租米三万石，宁波天童寺在宋代有常住田三千二百八十亩，山地一万八千九百五十亩；临安上天竺寺，自绍兴三年至景定三年（1133—1262），单是敕赐的田山即达三万三千亩之多；径山寺也有田数万亩；灵隐寺在天圣八年（1030）有粮田一万三千亩；庐山圆通寺为江左名刹，南唐时赐田千顷。西京之崇德院有产二万一千亩。[③]

金元时期情况类似。忽必烈至元二十八年（1291）时，全国僧寺有42318所，僧尼达210148人。元顺宗时期又翻了一倍。[④]长治市屯留区王村长期古佛堂无人看守。金崇庆元年（1212），村落助缘人王采等五人请

---

① 《重修龙王庙记》，元延祐二年（1315），现存壶关县北皇村龙王庙。

② 《重修玉皇七佛庙记》，元至元十八年（1281），现存壶关县沙窟村玉皇七佛庙。

③ 黄敏枝：《宋代佛教社会经济史论集》，台湾学生书局1989年版，第203页。

④ 赖永海主编：《中国佛教通史》第11卷，江苏人民出版社2010年版，第199页。

到了平阳府妙音寺罗汉阁尼洪迁前来住持。洪迁自备钱财，买到了空名院额，想要将佛堂起名“崇福院”，请求礼部批准。最后，礼部下文照准。在这一过程中，沙门、库头、副院、阇梨、助缘人、助缘老人都参与其中，未见社、社首一类。[①]

元至正年间，黎城县看候村信士张仲璋、张吉甫靠个人之力重修七佛祖师堂，并无村落组织的参与。[②]上述两例虽不能反映全国情况，但能在一定程度上解释为何少见宋金元僧人向村、社求助的记录。

明清以后，佛教世俗化的趋势在加强，佛教观念大量渗入普通民众生活中去，佛教信仰场所与世俗的联系在加强。三教堂、观音堂的大量建造就是在明清时期。不过，自明代开始，寺院经济在总体上衰落下去：

> 寺院经济亦步入低谷。即便是那些著名寺院，同样陷入了经济困顿的境地。比如，南京大报恩寺住持西林永宁圆寂后，寺院竟然要靠借贷维持。[③]

入清以后，这种情况未得到根本改善。在这样的大背景下，村落寺院很难说不会受到影响。明清以后，尤其是近代，僧人开始普遍求助村、社解决寺院的维持问题。平顺县遮峪村有三圣寺。清道光十年（1830）时遭遇地震被摧败，到咸丰末年时，已经接近倒塌。住持僧人觉传邀请社内纠首共同重修。社在其中起到了关键作用，所以在重修碑记上，时人写道：

> 南殿经修春又中，钱文不给用虚空。终须本社从捐济，乃得欣然告竣工。[④]

襄垣县许向庄村有观音堂，堂前地方狭窄，民众焚香瞻拜时十分拥

① 《崇福院赐名牒文》，金崇庆元年（1212），现存长治市屯留区王村崇福院。

② 《七佛祖师堂记》，元至正十五年（1355），现存黎城县看后村七佛祖师堂。

③ 赖永海主编：《中国佛教通史》第12卷，江苏人民出版社2010年版，第577页。

④ 《重修三圣寺碑》，清同治三年（1864），现存平顺县遮峪村。

挤。于是，村中“好义者”武忠礼将自己的一块地施舍给社内以作堂前地基。这块地下临悬崖，如果不从根底垒砌，填垫平实，难以真正扩大殿堂前场地。此项工程投资太大，不易完成。于是，邓子合、武忠礼、武忠信将赵家岭一块田产出卖，共折回香资钱十一千四百文。纠首又用这笔钱经营生利，五六年后积累至三十七千多文。社内又再推举管事经理出放生息。历经数十年，终于在道光三十年（1850）春攒足了资金，将悬崖平整垫实，建起了一面大墙。①

黎城县赵店村有佛阁一所。自清乾隆十年（1745）以来未曾修葺。道光十四年（1834），村民李芝荷试图重修，因资财匮乏而半途而废。到道光二十四年（1844）夏，村民相聚商议，认为如果费用太多的话，可以用轻捐久时的办法。按亩起捐时，每亩尽量少收，遇到灾荒或收成欠佳的年份就直接免除。这样既不会影响村民正常生活，又能保证钱财持续不绝，获得积少成多的效果。虽然费时长久但胜在稳定，总要强于无时修成。这一办法获得了社众的支持，得以顺利推行。八年后，社内终于筹集到了足够资金，重新修建了佛阁。②

像这种旷日持久的维修不在少数。襄垣县西迴辕村的三教庙创建于明万历年间，清道光年间，社内想要修复寺院，但资金不够。民众最后商议：“渐理焉则可就之。”自清道光十五年（1835）至二十五年（1845），共积钱二百余串。道光二十六年（1846），村落开始维修寺院。先后在大殿两旁增修两座小楼，乐楼旁边增修钟鼓楼，西庑后面新垛石台，六尺外座。东庑后四尺多外座等。同治四年（1865），又在庙的西边新垛砖石台，增修堂楼五间，西房三部，西厦八间，南房及大门五间，东厨二间，将上下院连通起来。这次修补，前后共经十八年，至同治十三年（1874）才最后完成，花费一千多千。③

如果说，这些佛寺专业性较差、寺院规模较小，并无专业僧人管理，所以从一开始就可能由社掌管的话。那么，下面的例子就更能说问题。

① 《创建堂前大墙碑记》，清道光三十年（1850），现存襄垣县富阳工业园区向家庄村。

② 《重修佛阁碑记》，清咸丰二年（1852），现存赵店村佛阁。

③ 《三教庙碑记》，清同治十三年（1874），现存襄垣县西迴辕村三教庙。

武乡县洪济院在明代重修时，还是由僧人号召住持，但到了清雍正七年（1729），维修就是依靠村落了。当时，有信徒程公培提议重修，得到了社内首领支持。于是，上社鸣钟，将两社民众召集到一起：

> 两社老幼俱有同心，遂议总理者四人，分理者十六人，各倾已囊，复捐花户，共凑金八百缗，社中旧存金二百六十缗。于是择吉日开工。①

而且，有的寺院本身已经颓废，没有住持，自然需要社主持修建。乐氏二仙为晋东南影响最大的地方神之一，相传其修炼场所在紫团山翠微洞，因而常有人前去拜祭。白云寺就坐落在该洞侧面。民众前来祈祷，都在此间休息。由于该寺年久失修，渐行坍塌，又没有住持，来往者要入寺休息，就必须要呼叫村民开门。村民离得又远，经常不能按时到达。“倦者不得息，饥者不得食，渴者不得饮。”村民冯继迷等决心发动村民共修庙宇。因为社内贫穷，筹资不易，所以本次修建从清嘉庆元年（1796）一直持续到嘉庆八年（1803），终于完成修缮，解决了来往人员休息的问题。②清道光年间，社对白云寺又进行了一次维修。此次维修也不容易：道光三年（1823）先修了戏台三间。到道光四年（1824），土工虽完成，但彩绘一事却未完工。道光七年（1827），又补塑了关帝角殿，描画了金身，妆染了山门、寺外台面、东壁、西壁、两幅围屏。此次维修展现出了村、社、寺合作的图景，除了个人、商铺捐款外，一些周边的村与社，如郭亮社等十几个社、镇、村也全都捐款，其中信奉二仙的村、社、镇较多，如荫城镇、二仙观、米山镇、树掌社、神郊南岸社、神郊北岸社、庄则上村等。③

平顺县玉峡关金灯寺自明开始就有社参与维修，但僧人也起到相当作用。晚清以来，中西交流增加，中国的诸多文物成为外国人眼中的瑰宝，

① 《重修洪济院碑记》，清雍正七年（1729），现存武乡县东良村洪济院。

② 《增修白云寺碑记》，清嘉庆八年（1803），现存壶关县紫团山白云寺。

③ 《补修白云寺碑记》，清道光七年（1827），现存壶关县紫团山白云寺。

金灯寺佛像亦不例外，被人以每尊数百金购买而去。在搬运过程中，许多佛像遭到刀斧破坏，十分可惜，寺院也随之破落。民国时，有安林社善士牛金义等人朝山拜神，触景生情，决定维修寺院。他们与村民社众商议，决定按地捐资，又联系外地信徒，进行了一次大规模翻修：重修五院大殿三楹、芉塔一所、东西楼、关圣殿、钟鼓楼、穿花楼、聚仙楼，又加固基址，重妆神像。① 在维修碑记上，未见有僧人参与修寺的记录，这是超出常理的行为。唯一可能的解释就是，此时的寺院已经没有能力筹措资金了，只能将主导权交给社。1921 年前后，平顺县实会村大云寺“年湮日深，殿宇圮毁，神像暴露，风雨不蔽，行路君子瞻仰者，莫不触目而警心焉”。于是，“合社公议，兴工重修”。由于村小力微，社首们就又组织村民向邻村化募，终于完成了重修。②

即使是寺院有自主的田产、香火收入，在维修时也会时常面临着资金、人力、物力缺乏的压力。他们自然会求助村落。明万历四十年（1612），黎城县东黄须村的石佛庵年久失修，来自白岩寺的僧人宗寿与社众商议：“吾观此神像业已废坠矣，欲捐财修复，愧无赞襄以副吾志耳。”社首郭尚贤等十四人响应，王好义作为维那组织维修，社众出力出资相助，数月之内新塑了满堂神像。时人感慨道：

> 僧首倡义举，感以此心；乡人乐输财力，应以此心，遂使延神之所，衍禳有火，咸有依凭。③

清道光十年（1830），黎城县郭家庄的庵教寺年久失修。当时的住持独立难支，于是向村落求助。社内九名维首合力主持维修了庙宇。

村社维修信仰场所的筹资方式不外是按地亩起捐摊派、外出募化、自愿捐款、借贷生息、动用村落社内公产、变卖寺内财产等几种。此次筹资就有以下几种方式：

① 《重修金灯寺碑记》，1923 年，现存平顺县玉峡关村金灯寺。

② 《重修三佛殿碑志》，1924 年，现存平顺县实会村大云寺。

③ 《重修石佛庵碑记》，明万历四十年（1612），现存黎城县东黄须村石佛庵。

一、卖树一百二十五株，合钱一百二十二千九百文；

二、利钱七千五百七十文；

三、存柴所得六千文；

四、社内存钱二十二千六百七十文；

五、捐助布施钱一百一十一千十一文；

六、卖瓦钱二百九十五千七百三十文；

七、邻近的斋堂源泉斋施钱一千文；

八、邻近的宋家峧社施钱二千文；

九、维首个人施钱施物：除了施钱外，维首们还捐资置办了两桌供品。[①]

其中，第一、二、三、四、六项措施均是利用或变卖社内公产。

清乾隆年间，长治市上党区李坊村洪福寺为风雨剥蚀，“栋宇摧残”。于是，社首郭运通等人谋划修理。不仅补修了原来佛殿，还创建了白衣大士堂三楹。本次维修的资金来源多样，计有：

一、外地商铺捐银七十六两四钱；

二、各村信徒捐银九十四两；

三、本村三社以丁地捐银一百八十两八钱；

四、本村丁地之外捐银七十九两；

五、社首郭运通捐银十两；

六、社首李钦榆捐银二十五两；

七、明教庵卖树所得银十五两；

等等。

共收布施钱四百八十两二钱，花费银两四百七十七两二钱，剩余三两，供开光使用。[②] 此次维修以施主捐助和摊派为主。

有时，由于工程难度加大，摊派不止一次。清道光年间，长治市上党区北和村重修神农庙，六社“按地蠲输。首每亩捐钱四十文，次捐钱二十

① 《重修庵教寺引》，清道光十年（1830），现存黎城县郭家庄庵教寺。

② 《重修眼光圣殿碑记》，清乾隆三十二年（1767），现存长治市上党区李坊村洪福寺。

文，又捐钱三十文”，再加上有施主格外捐施，才完成了维修。[①]

清道光年间，长治市屯留区西贾乡杜村重修宝福寺，其中修寺资财来源有：

一、老社谷十八石，麦三石，钱九十千零三百八十三文；

二、本寺树钱三十千文；

三、本年维首余四十一千二百八十文；

四、夏秋社钱九十九千六百文。[②]

老社谷钱是早先公共存留款项；本寺树钱是变卖寺中树木所得；本年维首余钱为一年经营之后社中所余的当年钱数；夏秋社钱是按地亩收取的村社公款。

如果一村一社独立难支，或者信仰场所成为某一区域多村的信仰中心，就会出现如白云寺一样的村、社合作修寺的情况。

平顺县豆口村水峪庵于清乾隆十三年（1745）年的重修就是由豆口村及周边的村、社共同完成。光绪年间的维修更为明显。本次维修由住持与山主发起，但独木难支，于是维首提倡各村、社人士捐资布施，最后得以完成。涉及的社有老申交社、密峪社、豆峪村社、黄背平社、杨树凹社、王家庄村社、牛岭社、青草凹社、窑上庄社、西庄上社、尚港社、枣林社、闯峪社、和峪社、水板石社、蟒岩社、石城村社、韦则水大社、马塔村社共十九个社，涉及的村有豆口、中村、曲阳、门寺、库家庄、恭则水、河南坪、白杨坡村、枣庄村九村。由于各村均有维首，从而可以肯定，这种捐助是以村或社为单位，是有组织的行动，而不是自发的分散行为。这也表明，当时的水峪寺确实成为了一个区域信仰圣地，所以才会有各村、社的协同行动。[③]

仙堂山是周边八个村社、村落的信仰中心。旧传仙人隐居于此。该地山峦环列，悬崖万丈，清幽无比，为襄垣胜境。山上有观音洞，为明弘治十四年（1501）滨江按察司刘凤仪重修。后人刘引、刘明至清嘉庆时，见

---

① 《重修神农庙记》，清道光十五年（1835），现存长治市上党区北和村神农庙。

② 《重修宝福寺记》，清道光二十二年（1842），现存长治市屯留区杜村宝福寺。

③ 《重修水峪寺正殿两厅山神祠碑序》，清光绪十七年（1891），现存平顺县豆口村。

庙宇倾颓，神像暴露，决定继承前人遗志重修。他们和八村首事刘子仪等商议共同重修了庙宇，捐资的社、村计有西营镇、水碾社、上良社、堡底社、窑峪沟社、西邯郸社、郭家垴、东邯郸等。[①]

平顺县中五井村彰法寺在清代有过一次历时三十余年的维修。当时帮助募化资金的除僧人、施主外，还有大渠村社、孝文村社、垂杨社、南头社、北头社、下五井社、郭家庄社、张井社、黎邑五龙社、天脚龙峪社、峪峪社，共计十一个社。[②]

社在具体维修时会进行较为细致的分工。黎城县清泉村的圣水寺年久失修。民国时期，僧人修奇从四川归来住持圣水寺，想要重修，可当地连年遭遇饥荒，五谷不收，所以不敢轻易动工。年景稍稍好转时，修奇就邀请上清泉、下清泉两村维首，对村落进行了维修。为了鼓励大家捐资，秦致德、冯振现两人每人先施钱百吊以作垂范，一来起到表率作用，二来可以先推进工程动工。在本次维修活动中，村民进行了较为细致的分工。

维首总理共十一人，负责协调，当然，作为村民领袖，他们要首先捐款以树立自己的榜样与权威角色。只有如此，他们才会激励其他民众参与村落事务的积极性。各维首捐款数目如下：

张振英：十五千文；

王文杰：六十三千五百文；

郭廉真：四十八千文；

刘泉海：六十千文；

王丕德：一百千文；

丁金玉：一百五十二千文；

李发义：五十二千文；

申玉林：四十千文；

焦文徵：二十五千文；

张丕兰：三十八千文；

李发全：五千文。

① 《仙堂寺重修碑记》，清嘉庆九年（1804），现存襄垣县仙堂山仙堂寺。

② 《彰法寺重修碑记》，清道光二十九年（1849），现存平顺县中五井村。

催工六人：
张凤阁：三十二千五百文；
杨丕堂：十二千五百文；
王凤阁：二十二千五百文；
王金华：十五千文；
宋土金：十五千文；
杨会起：六十千文；

募化主持人二人：李义珠、冯国章。两人共募化所得资金来源如下：
个人二十五人：
王光年，四十千文；
王佛锁：二十千文；
李金玉：三十千文；
申鹏财：六十四千七百文；
郭鹏鸣：四十千文；
王起恭：三十千文；
刘辛平：二十一千五百文；
王景义：二十千文；
王丕吉：二十千文；
张小存：二十千文；
王庆福：十六千文；
张增富：十六千文；
魏祥凤：十二千八百文；
张玘珍：十七千文；
姚中春、杨际瑞、王禄义、刘二汉、江岷山、刘起河、王丕庆、柴广聚、李思存、师满仓、李金生各施钱十二千文；

村社两个：
上清泉社米钱：三百三十千文；

下清泉社米钱：七十六千四百文；

此外，涉县阴阳先生冯宪章施钱一千文。[①]

本次个人捐款数目除阴阳先生非村、社之人，象征性地略微赞助，一人捐款一千文外，其余人员最少的数额为十二千文，最高达到惊人的六十四千七百文，共筹得资金一千六百六十三千四百文。一座位于乡野的寺院能筹得如此一笔巨额资金足以说明佛教在当地的影响力。

当然，这并不代表明清以后所有佛寺的维修全部都需要社帮助，仍有不少寺院的维修依靠的是僧人、信徒自主完成。壶关县南岭村有竹岩寺，“因风雨渐渍，殿宇倾欹”。住持广云与善士侯钦等“遍求布施”，自明成化二十二年（1486）至弘治八年（1495），用了九年时间将寺院重修。[②]明万历四十六年（1618），黎城县王家庄兴龙庵寺僧妙秀，就自行向信徒募化，创建了三教堂，并为诸神绘像。[③]性空山有太原李师祖，酷爱三教性命学说。他于清嘉庆年间去世后，一位张姓信徒宣称继承三教衣钵，决意创建三佛庙。这次修建，并无社帮助与筹划，全部靠张氏与“四方信善者各捐资财”而成。第二年，善士们又买到寺庙附近的山地一处，并得到了庙宇所在苏村里十甲的同意，将之落于三佛庙户口之下，供给守庙者作为日用花费。至清光绪年间，四世徒孙张善人又“修己以敬为生，劝人以孝为先”，吸收了不少信徒，在光绪二十二年（1896）靠众人捐资重修了庙宇。[④]前文长子县慈林山法兴在寺乾隆六十年（1795）至嘉庆十六年（1808）的维修，也由僧人一力完成。[⑤]

三　佛寺的田产问题

在村落组织与佛寺的关系中，田产是最重要的问题，它决定了佛教对村落的依赖程度。乡野佛寺数量极多。长子县碾北村妙觉院内有一石碑，对佛寺在中国分布的普遍性做了一个说明：

---

① 《重修圣水寺上下院碑记》，1927 年，现存黎城县清泉村圣水寺。

② 《重修竹岩寺记》，明弘治八年（1495），现存壶关县南岭村。

③ 《创建三教堂记》，明万历四十六年（1618），现存黎城县王家庄三教庙。

④ 《重修性空山三佛庙碑记》，清光绪二十二年（1896），现存黎城县性空山三佛庙。

⑤ 《重修慈林山法兴寺记》，清嘉庆十六年（1811），现存长子县慈林山法兴寺。

泊永平十年，摩腾感梦于帝庄，蔡愔远迎于西国，既达洛邑，角胜黄巾。主大崇信，立寺安僧，涓涓乎滥觞。厥后斯来，委于我土。吾人之若神明，伏之如风草。至若……镕金成玉，刻木扶土，运毫合色，而强拟其形容，构厦而贮之。如波注于渎，渎注于溟，不舍昼夜，未尝停息焉。故十之族乡，百家之邑，必有浮屠焉。至于繁盛，犹天文丽于河汉，莫之极也。①

这大致能表明佛寺的普及程度。

如前所述，寺院经济一度发达，即使后来衰落，但仍有许多寺院拥有自己的产业。在寺院的产业中，田产是最重要的一项，这是僧人生活的根本。如前所述，即使是得到官方敕封的寺院，如果声望不高，也很难获得朝廷拨款，更何况还有许多寺院并未得到官方认可。虽然官方不会因此加以取缔，但在缺乏政府支持的情况下，单凭僧人化缘、施主捐资很难维持寺院的经营、维修与僧人衣食。所以，寺院就要采取措施拥有自己的田产以解决这一问题。如前所述，寺院常有自己的田产。长治浊漳河流域的寺院也不例外：

从来寺观之设，必有田产足供守庙者之依食，然后可以备洒扫，奉神明也。②

田产对寺院关系重大：

粤稽古刹之制，有自来矣。始未尝不森严，而后往往倾圮也。良以守无其人，人无其□耳。③

魏晋南北朝时期的许多寺院已经拥有了属于自己的田产。这虽不符早

① 《新修妙觉院记》，金大定三年（1163），现存长子县碾北村妙觉院。

② 《翠岩寺地亩碣》，清道光十八年（1838），现存长治市上党区西火镇翠岩寺遗址。

③ 《施地碣》，明万历三十八年（1610），现存襄垣县南里信村建封寺。

期佛教的信徒只能乞食原则，但也是因为僧尼人数增加，单靠乞讨已无法维持日常生活所致。

正常而言，中国寺院田产来源大致分为三类：

一是朝廷以官方的名义拨付赏赐。长治浊漳河流域少见此类寺院，故不赘述。不过，唐代实行均田制，僧尼在受田之列，这一时期建立的寺院应该都会因僧尼存在而获得土地。需要注意的是，这些土地名义上归于僧尼个人而非寺院。在后面的表格中，我们虽然标注出此时田产归属不详，但这一时期的寺院田产应该多数为此类情况。之所以将田产情况列为不详是基于史料缺乏得出来的结论，而且凡事皆有变数，对于具体寺院情况又极可能并不相同。

二是僧人开垦荒地或利用已有财产购置土地用以自营及出租。比如昙摩密多“到炖煌，于闲旷之地建立精舍，植奈千株，开园百亩”。[①]唐代对僧尼授田，宋代以后则正常对寺院土地收取赋税：

> 僧道之徒能明所谓清静寂灭者什无一二，其余务耕作，出赋税，与凡民无以异，但不过无室家之累耳。[②]

这种方式使寺院获得土地有了法律依据。明万历年间，在建封寺重修的过程中，僧人妙意用自已积蓄购置土地施入寺中，计有：石岗则上下地十亩七分，尾窑崖底中地七亩四分四厘；坡头上中地二段共地九亩九分，道学里中地六亩七分三厘。[③]

三是施主施地。这是寺院田产的重要来源。这种现象自寺院在中国建立开始便出现了这种现象。建封寺虽然“殿宇庄严，佛像辉煌”，但民众认为如果不作长远打算，那么寺院就会因没有田产而“倏兴倏废”。明万历三十八年（1610），信徒王好辨等向寺内施地二十官亩多，以为护佛护

① （梁）慧皎：《高僧传》卷三《译经下》，《大正藏》，第50册，第342页。

② 《重修崇法寺碑记》，清嘉庆二十四年（1819），民国《武乡新志》卷三《金石考》，《中国地方志集成·山西府县志辑》（41），凤凰出版社、上海书店、巴蜀书社2005年版，第241页。

③ 《施地碣》，明万历三十八年（1610），现存襄垣县南里信村建封寺。

寺的资本。为防歹人将田产据为私有，或者典当买卖，寺院刻碑立石，以表明其不朽的意义。此次施地的具体情况如下：

王好辨施地道学裏中地二十三亩七分；

王门郭氏同长男王道秀施地西河裏中地七亩七分三厘五毫；

刘道江施地西河边上地四亩四分二厘一毫；沙角则中地二亩一分四厘；坡头上尖角中地七亩二分二厘五毫；西河边中地九亩一分一厘三毫；西河边中地四亩七分五厘；西河边中地七亩四分五厘二毫；柳圪塔上地十四亩一分五厘二毫。①

壶关县上庄村有三教堂。明崇祯年间，李增与见僧人无钱购置香烛礼佛，就向寺庙施地十五亩，给住持僧人永远耕种为业，以解决这一问题。“恐后无凭，故立碑记文字为照”②。

清康熙四十二年（1703），赵魏一次性向武乡县岸北村永宁寺捐地一顷多。随后信徒们继续捐地，计有：海溪十亩，赵二茔九亩，韩良侯八十四亩。这些捐助使该寺从一个仅有十亩土地的贫穷寺院直接变得阔绰起来。僧人认为“日后庙聿新，灯火不缺”都是赵魏的功德。③

寺院拥有了田产，僧人自然就要劳作。这一情况最初不知出现于何时，但魏晋南北朝时已经并不罕见。法显作沙弥时“尝与同学数十人于田国中刈稻”。道安也曾被“驱役田舍，至于三年，执勤就劳，曾无怨色”。④这一形式持续到后世。僧人登高为屯留人，自金皇统五年（1145）开始任襄垣县宝峰寺住持。他不但建立毗卢阁，还种植梨果之园，兴水磨，构僦舍，使得寺院有所余利，僧人不必为生计愁。⑤平顺县妙轮院自李唐以来，渐渐发展，寺院僧人“朴素相尚，树麻而衣，陶瓦而食，柴土而室，甘辛苦，薄滋味，岁耕月积，有余则藏之”。至元至顺年间已是“至于水陆不耕者尽为膏腴地。而沙门百口，咸仰给焉”。这种表述可能有所夸张，但大致能够说明田产对僧人生活与寺院维持起到了重大的保障作

① 《施地碣》，明万历三十八年（1610），现存襄垣县南里信村建封寺。

② 《三教禅堂》，明崇祯十五年（1642），现存壶关县上庄村。

③ 《岸北永宁寺捐地碣》，清康熙四十二年（1703），现存武乡县岸北村永宁寺。

④ （梁）慧皎：《高僧传》卷五《义解二》，《大正藏》第50卷，第351页。

⑤ 《紫峰山宝峰寺第三代住持讲经高公和尚塔铭》，金正隆元年（1156），现存襄垣县宝峰寺。

用。[①] 前文所言元代平顺妙轮院与胜果院长期纠纷的根源也是田产问题。这也能从侧面证明此时寺院拥有田产所有权。

寺院也会立碑彰显田产归属。天台山惠日院是民间自建寺院，本来没有获得官方的认可。不过，宋代朝廷对佛教的政策较为宽松。建隆二年（961），朝廷下令，凡天下寺院未得到敕封但没有停废的可以合法留存。此院也在奉敕留存之列。建隆三年（962），官方又获赐内库紫衣三事，黄牒一通。获得朝廷正式敕封后，惠日院有了足够的勇气来确认自己的田产。乾德五年（967），住持理直气壮地立石刻碑，将山林土地园林东南西北四至地界明细开列，并且明确指出：

> 四至以里平地、山上山下并无俗人家田地。[②]

不过，到明清时期，一些寺院与村、社在田产问题的关系上微妙了起来。前面所述明万历年间建封寺的施地过程中，是香老、住持僧人共同署名立碑作为公证的。[③] 这已经说明，田产虽归寺院，但村落作为公证者，具有了一定的影响力。这事实上也向我们展示了一个信号，随着时间的推移，村落对寺院的影响力似在加强，寺院与村、社发生紧密关系的情况也多了起来。长治市上党区正觉寺原为敕封，但官方并未给以足够重视。在民众看来，该寺“东拱行山，西临漳水，前后大殿二座，廊庑僧房两院，以墙垣则屹然四周，以树木则森然并起，洵一镇之风脉赖以培持才也”。说明它从一开始就被民众视为村落镇住风水的保障，这为后来村落将其纳入自我管理提供了一种宏观意义上的可能。该寺原来的田产很多，足够寺院僧人生活和日常所需。后来有僧人洪磬见地产年代久远，又没有专人打理，就将寺产、木材擅自盗卖，然后带着所贪钱财还俗而去。后来者见前任如此，也相继效仿。到明天启时，僧人仅存二三人，地产仅剩下五十余亩。僧人周山与洪顺还因寺产问题产生了争执，互相攻击，最后要求乡约

① 《重修妙轮院并胜果院田庄之记》，元至顺三年（1332），现存平顺县东寺头村。

② 《敕赐天台山惠日禅院》，元至正十八年（1358），现存平顺县源头村龙门寺。

③ 《施地碣》，明万历三十八年（1610），现存襄垣县南里信村建封寺。

出面解决。最后，乡约、生员、里老、社首一齐前往县衙请求官方裁决。县衙给出的方案是：此前的事情全部作罢，既往不咎；以后寺内的田产、树木，僧人只有耕种权，所获粮食供寺内使用；不许私自砍树木；所有田地、树木都不许寺内、村民私自买卖，如有违反，乡约、社首可禀告官府处置。为了清晰地界，寺院还把寺内田产的具体位置、大小、负责僧人一一标明：

洪顺种地七段：寺后一段四亩一分，又一段二亩八分；寺西一段六亩，寺西岸边一段二亩，坟东西二亩六分，西岭一段二亩八分七厘，又一段三亩，共计二十三亩三分七厘；

洪纪种七段：土地庙口一段九分三厘，寺后一段六亩，西岭一段六亩七分五厘，又一段二亩，又一段二亩，西栈一段三亩，寺西一段二亩，共二十二亩六分八厘。

普增种地二段：寺后一段二亩，西岭一段二亩，共四亩。

在这次调解中，虽有官方参与，但明显地，地方势力起到了关键作用。村、社对寺院的控制能力在明代已经有所展现。这些寺产虽没有明确说明寺产归于村、社，但村、社对寺产有处置大权，双方存在一种主属关系是肯定的。[①]

这种处理方式在襄垣县甘村灵显王庙的修建活动中表现得更为明显。该村有灵显王庙。社一直招募僧人居于庙中，早晚打扫焚香，妥善安顿神祇。因为没有生活用度来源，僧人来得多，走得快，不能久留。明万历三十九年（1611），社首郝自新等人在庙中祭祀，却发现庙中无人看管，门堂台阶全是污垢，十分愕然。祭祀完毕后，他自己出资宴请乡耆，号召大家捐资相助，最终得钱五千多文。他用这笔钱买了一块七亩二分的土地，命其名为庙田，“永为守庙者充赡耳”。当时，兴福寺僧人善强、宝心、宝行等人愿意经营庙宇。于是，社内将庙田交与几人经营，但所有权归于社，同时规定此后守庙人变动之时，田产也随之变动。[②]

这说明，明代以来，寺院田产有向村落转移的倾向出现。我们无法明

① 《正觉寺土地树木不得盗卖告示碑》，明天启三年（1623），现存长治市上党区看寺村正觉寺。

② 《置地护庙碑记》，明万历三十九年（1611），现存襄垣县甘村灵显王庙。

确这是否是一种较强的历时性演变。但至少可以肯定在明清以前极少发现村落组织直接介入寺田管理的例子，明清，尤其是清代此类情况有增加的趋势。

一些寺院已经成为办理社事的场所，而社对田产也有了处置权。清代的南里信村就正式声明：“从来村必有社，社必有规。凡神诞享赛，皆入社办理，香资出自地亩，事毕即照数交社，以充公用，古以来莫之违也。”寺院既成为村落祭祀的场所，香火地自然也归于社公有。正因如此，社才会对违反规则者进行批评与警告。“近年来，应出香资之家，有迟之又久而后交者，有再四寻讨而卒不交者，致使承办难支，社事几乎荒坠。”为了重振社事，提出了一系列的规程：

> 夫事之所当存者，不可使之终废；而事之所难振者，必宜使之复兴。兹其复兴之时欤，因面同公议，重请香首一十八家，分为三班轮流经理。致祭献戏毕，应出香资，亲身送社；应得盘食，亲身来领。整齐划一，无复拖累。此固本社之良规，而邻社之闻风者亦何不为感动而兴起也哉！爰列贞珉，以垂不朽。
>
> 社内一切规程开列于后：
>
> 香火地四十九亩，每年所得租粟秋收夏糶，以充公用；不许出帐，不准借贷。间有短欠飞诡，该班是问。①

此处的香火地就是寺院田产。长治市上党区西火镇翠岩寺也出现了类似的情况。该寺本有自己的田产。清道光十二年（1832），寺僧私自将其典质过半。结果事情败露，村社与乡约耆保奋发补救，将此事禀告省粮厅。粮厅裁决购买寺田之人一一退还，又将僧人驱逐。为防后患，社将此事刻于碑上，并将寺院田亩一一列出，以警示后人。②

一些案例表明社对寺院田产的决断能力有时是一个长期存在：

清顺治七年（1650），襄垣县东城村社买地约十八亩供村内普济禅院

① 《建立社规碑记》，清嘉庆二十四年（1819），现存襄垣县南里信村建封寺。

② 《翠岩寺地亩碣》，清道光十八年（1838），现存长治市上党区西火镇翠岩寺。

使用，用钱二千七百五十文。

清康熙二十三年（1684），社又买地一亩八分九厘，内社添钱一千四百；尚或原舍地六分五厘；连全禄施地二十四亩，社内将其卖出，得银四两五钱，又买到赵学书中地四亩，上地四亩。这些田产同样供寺院使用。[①]

大云寺位于武乡县故城镇，在皋狼社所属范围之内。清道光元年（1821），该社重修大云寺，以修寺所余钱财买田数十亩，作为社内公费。道光九年（1829）时，社内成员认为有必要将所买地亩详情立字据说明。于是，该社将地亩数目、坐落方位一起列出，并将契券留存于寺内以作证据。第一张契券具体内容如下：

买程显中背地三段，计十八亩，东至社地，南至堰腰，西至下段堰根，北至堰根。

其余的四张内容与此相仿，五张契券共八十三亩地。[②]

这些案例表明了寺院赖以生存的土地归属社内所有。更有趣的是，僧人在这些事件中处于缺席状态。一个合理的推测就是此时寺院僧人或者没有了参加决策土地归属的权力，或者该寺中已经没有了僧人。僧人权力的缺失可从另外的案例中体现。清道光二年（1822），县令想重修大云寺，于是将故城所有社首鸣钟召集于寺内，建议他们重修寺院。当时寺内是有僧人存在的，但他们并未参与此事。[③]

在前面的叙述中，我们可以看到，除了社以外，其他乡村基层组织及成员，如乡约、地保等也会参与解决田产问题。清嘉庆十八年（1813），僧人通仪在襄垣县北里信村创建慈慧庵一所。因为寺院收入不足以维持日常经营，所以后来其徒决定将自己置买的田地永立为香火，以求长远，事未完成而圆寂。再后来，又有其徒守惠、守义等在乾隆四十三年（1778）六月请乡保作证，将葫芦湾上二十六亩田地、广庵院西的四亩田地，共

① 《普济禅院地土地四至石刻》，清康熙二十八年（1689），现存襄垣县东城村普济禅院。

② 《大云寺置买土田碣》，清道光九年（1829），现存武乡县故城镇大云寺。

③ 《新修大云寺记》，清道光元年，民国版《武乡新志》卷三《金石考》，《中国地方志集成·山西府县志辑》（41），凤凰出版社、上海书店、巴蜀书社 2005 年版，第 238 页。

三十亩地立为该庵香火地。两次活动没有立碑为证，结果留下了隐患。嘉庆十七年（1812），平遥僧人行忠师徒突然至庵内要求分家业、田产。碑记上并未说明行忠等人的依据是什么，但推测应该是二人曾在庙中居住，置买了部分物品。此次回寺是为了瓜分寺产。慈慧庵僧人心谦请檀越、乡保说和，但对方并不答应。无奈之下，双方对簿公堂。县衙裁定，既然此地为香火之地，那么外地人就不得瓜分，即使是本庵僧人也不可擅自变卖。为防后患，乡保僧人将此事立碑为证。①

里甲有时也会渗入寺庙管理。除了前文所述的一些例子外，如武乡县著名的南山神庙，到清代已经成为事实上的寺院。至清乾隆年间，崇仁、敦义两里已经长期经营了三月二十四日南山神之祀。②平顺县源头村龙门寺的经营长期以来就有里人参与。晚清时期，“奈历时愈久，斯人心愈顽而弊窦生。寺僧有时不守成规”，与邻村不务正业者交集，产生矛盾，“数年来啧啧多故。有经里社排解者，甚有涉讼到官者”。这种矛盾让寺僧与里社大感棘手。于光绪二十二年（1896），里社领袖不得不召集里人，重整寺规：

> 鉴前车之覆辙，挽狂澜于既倒，是所望于僧之守是寺者，兼有望于村之邻是寺者。③

我们无从得知寺规的具体内容，但是可以肯定里与社共同影响了寺规的制订。明崇祯年间，黎城县后庄村重修佛庙，也是由乡耆、香第、社首、甲头共同完成。④

与社并立的就是会。会与社的关系也较为复杂。一般而言，会是专门供奉某神的一个集体组织。比如长子县小堡头村有地藏王祠。该神祇早已融入民众生活，被村落民众视为幽冥之主，司权祸福，每年都会报赛迎

① 《慈慧庵立香火地志》，清嘉庆十八年（1813），现存襄垣县北里信村。

② 《南山庙香火题名记》，清乾隆三十二年（1767），现存武乡县南山

③ 《龙门寺新立寺规碑序》，清光绪二十二年（1896），现存平顺县源头村龙门寺。

④ 《重修碑记》，明崇祯五年（1632），现存黎城县后庄村庙内。

神。寺院一度年久失修，既破旧又矮小。民众认为这会打击神祇护佑村落的积极性。清道光七年（1827），在陶唐圣帝，即尧寿诞之时，村民请村落首领杨姓经理钱财。此时村内公产余钱仅有二十八千文。于是，杨姓经理请百人会一个，积钱二百六十千文多；在道光八年（1828）又请会一个，最后总共筹资五百千有奇。[①]此次运作是临时起会，也没有社的参与。出现这种情况的可能原因一是本村不知出于何因有会无社，所以以会代社；二是修建寺院只是部分民众自发参与，不是全社共同的事件。这些都是社与会不同的地方。[②]

家庭、宗族也会对寺院施加影响。中国早期佛寺的创建、维修及其他管理工作，不少是由家庭、宗族承担的。在长治浊漳河流域，明清以后，虽然包括社在内的村落组织介入到了寺院维持中来，但家族力量并未完全消失。

清康熙五十四年（1715），黎城县李丹彤的族伯李兴、族兄李士宗联合族人创建佛殿三楹，禅院三楹。因为殿后有灵泉潺潺，不盈不涸，所以命名为圣泉寺。不料后来寺旁石窟有水流冲出，不断冲刷寺院，使其渐渐倾圮。康熙九年（1670）春天，有僧人了闻云游至此，不忍见寺院破落，立志重建。于是，家族选出纠首数人规划，了闻负责外出化缘，其过程十分艰苦："每至村镇，坐破蒲团，敲毁木鱼，抄化于戴月披星之下，甚至勺水不入口者或三昼夜或五昼夜。"了闻的诚意感动了族人，他们纷纷捐款，两年后重修了庙宇。[③]李氏家族对圣泉寺的把控一直持续到道光时期，这也保证了寺院没有被彻底废弃。自了闻重建后九十余年，庙宇又渐倾圮，族人路过其地时颇觉昨是今非。于是，李氏家族和僧人真和合力再次重修。[④]

寺院修缮，除了不同的村、社相互帮助外，不同的寺院之间也常互相帮助。这一方面是因为各寺住持之间往往有师徒关系，另一方面则是各寺

① 《重修地藏王庙碑》，道光二十七年（1847），现存长子县小堡头村地藏王庙。

② 关于社与会的区别，可参见陈宝良《中国的社与会》，中国人民大学出版社 2011 年版；朱文广《庙宇·仪式·群体：上党民间信仰研究》，中国社会科学出版社 2015 年版。

③ 《重修崇城岩圣泉寺碑记》，清雍正十年（1732），现存武乡县崇城岩圣泉寺。

④ 《重修圣泉寺碑记》，清道光五年（1825），现存武乡县崇城岩圣泉寺。

之间互相扶持，共同弘法的意愿所致。比如明弘治年间大云寺的重修，除了本山僧人外，明化寺长老锦秀峰和门徒十五人，云水禅师得顺及门徒四人也都捐资相助。七星山莲花洞大千禅院的僧人郡宽撰写了碑文。[①] 清道光年间，黎城县清泉村圣水寺重修佛殿时，黄崖山寿圣寺的僧人方玉也施舍了白地三亩。[②]

需要注意的是，在与长治浊漳河流域的寺院相关事件中，许多村落只提到了村而并未提到社。

民国年间，襄垣县蒲池村圆明寺的修建也是如此。清同治年间，寺内僧人戒彬不守戒律，贪图享受，且沾染了不良嗜好，债台高筑。于是，他借口补修寺庙，将原来寺院所有土地全部典当还债，使得寺院不能维持运作，"香火寂灭，祠宇荊棘"。当时虽有山主，但都以局外人自居，无人兴师问罪。他的徒弟定仓继续了这一恶习："不理佛事，仓徒会友，匪蔼尤甚。"1921 年，他勾结寺内、村落的不良之徒，私自将原来典出的土地沿户加价以供自己挥霍。事情败露后，村民将其扭送至官府。经官府裁定，定仓被驱逐离寺。十八村民众聚集商议招聘新的住持来经营寺产。1933 年，宝峰寺僧人然杰师徒表示可以经营寺院，但希望十八村山主订立具体的管理模式。各村代表商议后认为寺院荒废已久，复兴太难。具有官方身份的董守身却认为："吾人做事，有志竟成。"最后他们确定用典当寺院田产的九百多缗钱外出放息，最后才将六十余亩土地赎回招人租种。十八村用这些土地的出租收入来维修寺院。由于寺院年久失修，所以此次工程浩大，先后重修了中佛殿及两便门三间、东边森罗及伽蓝殿四间、西边磅子殿及孤魂殿四间、南面佛殿五间、西禅院新建南房及大门大盘棚共八间、正楼五间、东楼三间、东窑两孔，费时十余年。十八村经理本来计划能完成总工程的十之八九，但时局不安，烽火连天，日军一再经过襄垣，寺院距离大路很近，经常受战火威胁。维修者在战乱中完成西窑后，时间已过去十余年，很多人已年逾花甲，身心俱疲。同时，大家又担心人事代谢频繁，后继者恐怕很难坚持到底。于是，合议就此停止工程。此项工程

---

① 《潞州黎城县漳源乡龙耳双峰山重修大云寺记》，明弘治四年（1491），现存平顺县实会村大云院。

② 《重修菩萨岩佛殿碑记》，清道光十七年（1837），现存黎城县清泉村。

花费一千四百八十六千二百七十三文，另加大洋一千三百四十五元一角八分。到此时，寺地完全复原，而寺院房屋也足够使用，如果僧人能够勤勤恳恳，不会出现穷困潦倒的情况。[①]

法兴寺的维修也是如此。如前所述，该寺是周边村落的信仰中心。晚清民国年间，法兴寺已渐没落。参与维修的村落由早先的二十多个降至只有崔庄、贾村、马户三个村落。当时的长子县高小学校教员程宝一直有意重修寺院，便和三村主事共九人相商，决定向佃户们加派租金。如此，得谷二十余石，每年外放收息，十年后本息相计得谷五百石。于是在民国元年开工，结果最后发现需用钱两千七百余串，卖谷所得不足以支撑。三村又临时化缘，再在各村按亩起捐，终于完成。程宝认为积租修庙的方法既不耗村中之财，又不损寺中之产，希望三村能够沿用这种方法。[②]

清嘉庆年间，武乡县离相寺的经营日渐艰难。按碑文所记，早年寺内僧人众多，而今已寥若晨星。尤其是当年僧众购置了许多田产作为香火地。这些土地用来自种或出租，所以僧人衣食无忧，但随着寺院衰落，田产越来越少，只剩下了香火地 156 亩。寺僧感叹："其地力之已竭耶？抑佛法之渐衰耶？"为了防止此后僧众变卖香火地，寺僧联合纠首共同立碑申明："凡寺庙香火地，止许僧种，不许僧卖，律例所载最明，犯者禀官究治。"在这一事件中，也未提到有社参加。[③]

关于这一问题，我们认为极可能是称呼习惯导致了这一现象。另外，一些村并非只有一社或几村合为一社应该也是原因之一。社应该是一个较为普遍的存在，尤其是清代。退一步讲，即使不是村社在经营寺院事务，寺院与村落的联系越来越密切应该也可确定。

第二节　村落领袖与佛寺——以社首为中心的考察

如前所述，村落寺院除了靠信徒、乡地、耆宾、保甲、里长等维护

---

① 《复兴圆明寺记》，1941 年，现存襄垣县蒲池村。

② 《重修法兴寺记》，1916 年，现存长子县慈林山法兴寺。

③ 《离相寺香火地碑记》，清嘉庆十二年（1807），现存武乡县小西岭村离相寺。

外，还要依靠村落组织社。社的领袖就是社首。

一 社首的概念分析

社首并非单指一人。事实上，在目前的碑刻资料中，社首很少只有一个，多在三人以上，十几人、几十人的情况也不少见。明万历年间，甘村的社首就有八十五人之多，很可能基本上每家都有一名社首。①民国年间，黎城县北流村订立社规时，有二十二名社首参加。

这一点我们也可以从下文看到。多人同为社首能有效防止一人独断专行。尤其是人数众多时，社首可能就是各家庭、家族的代表，虽不能说代表了全部民意，但大致可称之为主流民意。

社首的称呼较为复杂，与其他乡村精英的关系也较复杂，我们有必要对一些概念予以解释。

（一）维首

清康熙四十一年时（1702），长子县下霍村周边十四村维首催办社钱。乾隆三十二年（1767），长子县七社共同维修紫云山护国灵贶王斋，里面提到该庙住持“偕同七社维首”共同筹资修庙。清乾隆十四年（1749），长子县小张村重修土地庙时，也提到社内维首主持此事。从这些描述来看，维首应该是当时直接负责某项事务的负责人。

平顺县豆口村水峪庵于清乾隆十三年（1745）年重修时，有本村维首二十一人，外村维首十四人共同参加。光绪年间，主持维修集资的维首范围更广，来自十八个社：除豆口村维首二十三人外，还有东庄村维首三人，密峪村维首二人，和峪村维首二人，石城村维首四人，豆峪村维首三人，恭则水维首一人，苇则水维首一人，马塔维首一人，王家庄维首二人，遮峪维首二人，窑上维首一人，西庄维首一人，青草凹维首二人，牛岭维首一人，老申峧维首二人，源头维首一人，闯峪一人。②

清嘉庆二十年（1815），长治市屯留区上村镇辛庄村三社立碑严禁赌

① 《置地护庙碑记》，明万历三十九年（1611），现存襄垣县甘村灵显王庙。

② 《重修水峪寺正殿两厅山神祠碑序》，清光绪十七年（1891），现存平顺县豆口村。

博，里面提到立碑人为三社维首，而且维首直接负责了犯规者的处罚。

清咸丰年间，长治市上党区看寺村重修后墙的负责人为总理维首一人，六社社首八人，维首八人。

清咸丰年间，长治市东下郝村重修石佛寺的活动由社首王得炳倡议，但在记事碑文上，维首列于社首之前，表明维首是实际的操作人。

清光绪年间，壶关县百尺镇韩庄村重修村落南桥时，除了社首、维首外，还出现了帮首。① 帮首应该是帮助维首处理事务的人员。

清光绪二十三年（1897），长子县鲍寨村重立社规，也说明主持此次活动的社首有：董事维首八人，副维首四人，社首八人。② 从这个表述来看，董事维首应该指该工程总的负责人，维首则指具体负责人。这里的副维首应该和帮首一样，是当年主持活动的副手，与社首不完全一样，但似也可归入社首一类。

同样是清光绪二十三年（1897），壶关县树掌镇河东村清查社产，负责人包括社首冯福昌、靳愈良，维首靳愈恭等十三人。从这个表述来看，维首如果不是当年活动的主持者，就是值年社首，或者是当时村民的代表，是有发言权与管理权的。

在长治市潞城区一带的接神表文中，也提到维首字样。1928 年的一份《接神表文》内容如下：

> 康惠昭泽王　　接神表文
>
> 神无往而不在，即闻祷以遥知。有圣感则通，随虔诚而降福。兹者，因合社维首奉请尊神离天宫而下降，驾龙车以来临。诣本境庙内，设立香坛，古乐致祭……神其有知，来格来享。右谨具表以闻。尚飨！③

---

① 《重修南桥碑序》，清光绪元年（1875），现存壶关县百尺镇韩庄村。

② 《重议禁赌一切违条犯法事件永远碑志》，清光绪二十四年（1898），现存长子县鲍寨村玉皇庙。

③ 《接神表文》，李宅：《祭文簿》，1928 年，写本。该写本为民国期间流行于今长治市一带的迎神赛社仪式文本。

在这场祭祀中，维首就是社的负责人，将其归于社首应该没有问题。

关于维首的表述较为零乱，各地的标准似也不太统一，但综合以上表述，大致能得出几个结论：维首应为村落管理人员；维首负责社内具体事务。从这两个层次上看，维首应该也属于社首。如此看来，维首有时属于某些事务、某一年时起主要作用的社首，也就是所谓值年、值事社首，有时则直接就是社首。在长治市屯留区的碑刻内，未出现过社首二字，基本全用的维首字样。在这种情况下，维首和社首的含义应该是一样的。即便有一些村落不太好判断是否存在社，但维首至少是村落事务的管理人员，与社首功能并无本质上的区别。

（二）维那

维那二字，是综合了梵汉双语的词汇。维为纲维，是汉语；那为悦众，是梵语。大体看，属寺中统理僧众杂事的管理者。在中国而言，维那之称源于后秦时译出的《十诵律》：

> 佛在舍卫国，尔时祇陀林中僧坊中，无比丘知时限唱时，无人打揵稚，无人扫洒涂治讲堂食处，无人次第相续敷床榻，无人教净果菜，无人看苦酒中虫，饮食时无人行水，众散乱语时无人弹指。是事白佛。
>
> 佛言："应立维那……作维那比丘，应知时限，知唱时知打揵稚，知扫洒涂治讲堂食处，知次第相续敷床榻，知教净果菜，知看苦酒中虫，知饮食时行水，众散乱语时弹指。"[①]

东晋时，高僧法遇曾于江陵长沙寺讲经。时有一僧人饮酒，为表惩戒，法遇"命维那鸣槌集众"，"命维那行杖三下"。[②]由此看，初时的维那并无官方身份。

到魏晋南北朝时，维那渐渐有了官身。北魏永平二年（509），沙门统

① （后秦）弗若多罗、鸠摩罗什译：《十诵律》卷三十四《五诵》，《大正藏》第23册，第250页。

② （梁）慧皎：《高僧传》卷五《义解二》，《大正藏》第50册，第356页。

惠深认为：

僧尼浩旷，清浊混流。不遵禁典，精粗莫别。辄与经律法师群议立制：诸州、镇、郡维那、上坐、寺主，各令戒律自修，咸依内禁。若不解律者，退其本次。①

后世，维那职成为寺内掌理众僧进退威仪之重要职称。元代重编的《敕修百丈清规》言：

维那，纲维众僧，曲尽调摄；堂僧挂搭，辨度牒真伪；众有争竞遗失，为辨析和会；戒腊资次、床历图帐，凡僧事内外无不掌之。举唱回向，以声音为佛事。病僧、亡僧，尤当究心。每日二时赴堂，堂前钟鸣离位。入堂圣僧前左手上香，退两步半，问讯合掌而入椎边立。先看逐回，看神示名位。钟鼓绝鸣椎一下，众展钵已再鸣椎一下。合掌默回向当日神示。左手按砧，举云，右手鸣椎。高不过五寸，声绝方下椎。急缓合度。俟首座唱食至第三句将毕，转身退至立僧板头立。俟行食过，进前鸣椎一下，合掌至圣僧问讯。出堂归钵位，若施主斋僧䞋遍食。椎后从圣僧后转。左边朝首座问讯。复鸣椎一下而出，为请施财也。或有他缘，或暂假出入，将戒腊簿、假簿、堂司须知簿，亲送过客司，令摄之。②

从这段材料中看，维那有时也不是官身，但为寺内管理人员应无疑问。

在长治浊漳河流域，维那的含义有进一步演化的趋势。他们担负起了寺院维修的任务。金正隆年间，长治市屯留区维那曹植等曾延请当时高僧登高为修桥功德主，说明维那是当时的官员。金天会年间，黎城县民众李孛等欲迁修县城东北的利远桥以利民众出行。大桥修补完成后，题名官员有“都维那六”的字样。元至元年间，黎城县辛村重修天齐庙，提到了修

① 《魏书》卷一百一十四《释老志》，中华书局1974年版，第3040页。

② （元）德辉：《敕修百丈清规》卷四，《大正藏》第48册，第1132页。

庙人的分工，记有：

重修正殿五间维那：徐天祥、徐彬、徐仲才、张海、徐宝五人；

烧吻维那：田伯源、田仲才、徐仲澄三人；

创建东廊十四间维那：徐君玉、徐仲宁、徐茂、徐宝四人；

西廊十四间、门楼两座维那：徐郭、苏用和、徐彬、徐彬、徐备、张珍、徐宗祖七人；

瓦维那：李祯等四人；

烧灰维那：范添等四人；

□维那：徐天祥等六人；

正殿瓦维那：徐天祐等四人；

砖瓦维那：徐克信等九人。①

这里面的维那和前文的分工社首有类似之处。

同样在元至元年间，壶关县沙窟村重修玉皇七佛庙，提到了维那化主王德顺等人，这是当时主持化缘的维修者。

明万历十八年（1590），黎城县枣镇村重修三教庙，社首和维那都参与了其事，但分开记录。②同样是万历年间，黎城县东黄须村重修石佛庵，维那为王好义，社首为郭尚贤等十五人。③在这两个案例中，维那应该是社内事务的具体执行者。

由此看来，维那有时属官方人士，有时指寺庙维修的主持者，情况较为复杂。当其为寺庙修建的主持者时，往往也是社内事务的具体掌管者，属于村落管理层。由此可见，在民间发展的过程中，维那已与其初始含义有了很大的不同。自明开始，在长治浊漳河流域，维那已经不是必须由僧人担当了，诸多的维那均为世俗之人，也不具有官方身份。

（三）纠首

明万历年间，武乡县显王村重修三圣庙。此次修建由功德主赵惟康、

① 《辛村重修天齐庙正殿碑记》，元后至五年（1339），现存黎城县辛村天齐庙。

② 《黎城县枣镇村重修三教庙碑记》，明万历十八年（1590），现存黎城县枣镇村三教庙。

③ 《征修石佛庵碑记》，明万历四十年（1612），现存黎城县东黄须村石佛庵。

赵惟宁等主持。碑文称其为功德主纠首。纠，当取纠集之意，也应该指筹集财力修寺之人。纠首一词，在武乡县、襄垣县出现较多。在现存武乡县、襄垣县碑刻中，也少见有社首一词，村落维修寺庙也是也常以村的名义而不是社。我们认为这可能和当地的表达方式有关。平顺县遮峪村中社的管理者就是纠首。此外，就在乾隆三十三年（1768），武乡县吴村开始重修村内的聚福寺，明确提到当时的住持僧传照请村内“三社共议”，指出在修建过程中，全靠“经理纠首”踊跃。[①]清嘉庆十四年（1809），武乡县五科村重修兴隆庵，也提到社中的管理者为纠首。[②]

也有其他情况。明弘治年间，襄垣县僧人向村落化缘重修建封寺正殿，也提到了纠首功德主王庆。不过，王庆的身份较为特殊，是临潼县县丞。官员不太可能担当社首，这一名称当指募化维修的主持者。

（四）香首

香首出现的次数并不多，但与社首关系也较复杂。普济寺、北流村、南神山香首都负责里社事务，应该也属于社首一类。在黎城县南村一通清光绪三十四年（1908）年的《南村社规碑》中，则又明确将香首、社首分列：

> 以社事浩繁，素少条规，村人办理遂多龌龊久矣。夫泯泯棼棼，靡所依矣。兹者合社公议，重加整顿，将旧染之弊，尽行扫除。新立之章，谨为循蹈。庶社事蒸蒸日进，渐臻□□，庇每年香首任其事务，可不至游移恍□，患无法守也。为此，故将社规开列于后，以备永远尊办云。
>
> 凡每年排香首务择村中正人，无论何姓，要排出本股之外，不准至亲者私相授受。
>
> ……
>
> 凡应乡约者每年随社首选择任用，不准彼此争夺。[③]

① 《重修聚福祥院碑记》，清乾隆三十七年（1722）年，现存武乡县吴村。

② 《重修兴隆庵碑记》，清嘉庆十四年（1809），现存武乡县五科村。

③ 《南村社规碑》，清光绪三十四年（1908），现存黎城县南村。

从这几处表述来看，香首很可能是由社首选定的主持祭祀事务的人，又和一般意义上的社首不同。

（五）其他乡村精英

社首与乡约、耆旧、里长、甲长、绅士、村长可能为同一人。比如，民国年间黎城县北流村在制定社规时，就邀请了附近风驼村、隆旺村、赵店镇、南堡村、程家山村的村长进行公证。① 襄垣县南里信村指出“本年社首即充用乡约。如有大事，三班公办，莫相推诿”②。说明乡约与社首可以合为一人，但在具体职责上并不相同。上文黎城县南村的社规也表明了这一点。

限于材料，对于社首之外的其他村落管理者，我们暂且无法进行更系统梳理，但能够确认的是，明清以后的佛寺维持，除了官方、僧人、施主外，来自村落、社会基层的管理组织和人员也是重要支撑力量。

二　社首的分工、权利及义务

（一）社首的分工

在具体的工作中，社首会有较为明确的分工。

清康熙元年（1662），平顺县豆口村社重修水峪庵，就有收掌钱粮、催功、管木、造饭、烧灰、钉纸等各类纠首。康熙四十一年（1702），平顺县乡留村社创建三教庙戏楼，又分了施工、收钱、立碑几类。③

清道光年间，长治市上党区北和村要重修神农庙。社首就分为总理，负责把握全局；督工社首，负责督促工程进展；募化社首，负责外出募化资财三类。王董村重修东大庙时，也分了总理账簿社首、采买木石社首、轮流监工社首几类。④

清咸丰十一年（1861），潞安府潞安县平原乡某村进行会赛，里面明

---

① 《北流村社规碑》，1916年，现存黎城县北流村。

② 《建立社规碑记》，清嘉庆二十四年（1819），现存襄垣县南里信村建封寺。

③ 《创建戏楼碑记》，清康熙四十一年（1702），现存平顺县乡留村三教庙。

④ 《重修东大庙碑记》，清光绪三年（1877），现存长治市上党区王董村祖师庙。

确提到的分工有“都社首△人，大社首△人，酒局社首△人，食局社首△人，灯局社首△人，香局社首△人，寝伍社首，财纸社首△人，神车社首△人，神楼社首△人，神马社首△人，厅则社首△人”。此处，都社首应该是最高级别的社首，负责全局把握。大社首则低一级。酒局社首等则是第三级社首，负责具体事务，职责如下：

酒局社首：负责安排赛社用酒；

食局社首：负责安排赛社饭菜；

灯局社首：负责安排赛社灯具；

香局社首：负责安排赛社香火；

寝伍社首：负责安排赛社中神祇就寝；

财纸社首：负责安排赛社所用纸马装饰；

神车社首：负责安排赛社用的接神、送神车马；

神楼社首：负责安排赛社用的神楼；

厅则社首：负责安排赛社供盏；[①]

还有诸如总社、老社、总管社首等，则是社首中的总头领。

（二）社首的权利与义务

乡约、耆宾、保甲、里长等都是对宗教建筑的经营、维修起到重要作用的群体，而社首是最主要的推动力量。清道光年间，长治市上党区翠岩寺重新衡量庙宇可经营的土地，在记事碑中有“社绅耆保”的字样，其中，社首排在第一位。[②]黎城县南村有一通清光绪三十四年（1908）的《南村社规碑》，详细阐述了社首的权利与义务：

> 凡夏秋赶快上地亩，要起高等粮粟，务防粗秕烂湿之类。限一日交清，不准迟延；
>
> 凡社内每年花费钱项，到六二月，协同维首入庙中清算，不准香

① 《会赛总文》,《赛书》，清咸丰十一年（1861），写本。该写本为清代流行于今长治市一带的迎神赛社仪式文本。

② 《翠岩寺地亩碣》，清道光十八年（1838），现存长治市上党区西火镇翠岩寺遗址。

首私自弄权；

凡社内所积仓谷，逢开放之年，领者每斗出一升之利，不准素餐；

凡村中树木砖瓦，不许毁伤。倘有私卖私买者，罚罪惟均；

凡社内所有一切社物，只许出赁，不准私当；

凡每年秋夏倘有窃取者，不准巡田私自独吞，违者，社内有罚；

凡以上数条，原为整顿社事起见，无论社首花户，均宜遵办，倘徇私舞弊，犯社条规，富者罚演戏两天，贫者罚八仙一场荤供一桌。①

此碑详细阐明了社内的各项规定。无论是敬神、纳粮、经营社谷、保护村中公共财产、租赁物品、巡田均归社首管辖。他们不得营私舞弊：每年的花费都要进行清算，以防有侵吞社内公共财产的行为，否则要受到被驱逐出社的严厉惩罚。

清代襄垣县南里信村的社规也说明了社首负责的事务繁多：

村西桥梁每年成于九月尽，每年拆于清明后五日，永为程规；

社内物件除大鼓外，一概不许借用、借当；

本年社首即充用乡约。如有大事，三班公办，莫相推诿；

秋夏盗用取禾穗，或撞见，或拿获，鸣钟议罚。倘违抗不遵，禀官究治；

采取豆叶定于白露前后，鸣钟为号；至小茭籽、谷草、耷豆，一概不许拣取，违者罚；

该班办理之人，倘有吞吸情弊，轻罚香烛纸课，重罚祭献戏，决不容情；

交班期于每年十月初二日，一一清交，间有不照者，该班不接。②

社首还负责风俗问题。清同治年间，长治市上党区看寺村认为近来“人心不正，里俗日颓。机械变诈之徒，串讹滋事，狭嫌生端，举莫不疾

① 《南社村规碑》，清光绪三十四年（1908），现存黎城县南村。

② 《建立社规碑记》，清嘉庆二十四年（1819），现存襄垣县南里信村建封寺。

首而痛心也”。于是，村落社首们同心共议，要正风善俗，去恶安良，所以列出了一系列规条，主要有：

一、不得包娼聚赌，窝留贼匪，聚党盗窃者；

二、游食僧道、乞丐、村中恶徒不得上户主家门强行讨要；

三、不得无中生有，串讹捏控；

四、不得自行兴讼，有事需要先告知社首。如果不满社内处理，方可向官府兴讼。

五、违背社规者，轻则重议罚，重则送官。①

这也大致囊括了社首在移风易俗方面的作用。

在所有的事务中，祭祀无疑是重要一项。

黎城县北流村在民国年间就专门为社、社首如何主管祭祀事宜订立了条规。该村分为两社，自宣统二年（1910）后，双方不合，导致村社事务无法顺利进行。为防止情况恶化，两村二十二名社首“慨然太息”，决定尽弃前嫌，重新“协同村众”订立祭神规则：

一、选举香首：每年腊月两社各举两名，总共四名香首；

二、焚香奠酒：正月十五日祭祀，两名香首焚香，两名奠酒；

三、奉神献戏：春秋祭祀供献，两社各备一供，先到者供在里面，后到者供在外面；

四、八月献戏费并一切公众事宜，均按地亩公摊；

五、如有违抗社规及私瞒地亩者，两社要予以处罚；

这一规定在一定程度上体现了公平、公开的原则。社首们希望能就此止住两社的纠纷。为了彰显社规的权威性，社首们请来了附近风驼村、隆旺村、赵店镇、南堡村、程家山村的村长进行公证。②

现举一例说明社首在整个祭祀流程中的作用：

请状文稿　维

山西潞安府长子县各坊厢里不同人氏现在△△村居住，奉神祈福

① 《规条小引碑》，清同治七年（1881），现存长治市上党区看寺村。

② 《北流村社规碑》，1916 年，现存黎城县北流村。

主卺，社首引领各社人等谨以香楮清酌之奠。

敢诏告于当方土地五道将军之神，窃以豺将祭兽、獭岁荐鱼，凡物有知，皆思报本，人灵于物，胡不告虔□。兹县境当安益求安，值乃时和宜瑞中，迎瑞是用，消吉采芹，合白叟黄童而曝愫允，当勾辰涤劳，尽簪绅亿庶而抒诚，卜享期于大小月初一□壹日正祀，预迎圣于四月二十七日，敢烦土地五道二位转□文牒，移发请疏于各神祠之下，奉请上帝，合境三十三位尊神，届期预赴陶唐圣帝庭前。

……

云车飞集，皆百神而降光；风辇飚临，合万有而提福。虽尘□不敢辱于贝阙，而稠志亦可格及□宫。俯鉴愚悃，仰霁神颜，颙心具疏。

须至牒者，右谨具请。

民国七年四月二十七日奉神主卺，社首某姓名。①

在这个流程中，社首其实充当了村落与神灵交流的主持者，他们把控着整个祭祀流程。凡是请神、安神、奏乐、诸神出寝、入寝、接寿、送神、祈祷等重要步骤，都需要社首的掌控。

三 社首的选拔标准

社首选拔，普遍奉行公众推选的原则，至于候选人则需要具备以下条件：

第一，德才兼备。同中国传统社会选拔官吏的原则一样，德是首要的标准。如前所述，社首管理着村社公共事物，又没有薪金，工作均为义务性质，故而，只有德行好，才能不贪污，才能不计报酬为公众服务。村民社众会按时“举其乡之有德者以为社首”②。清嘉庆二十一年（1816），长治市上党区冯村重定乡规民约，规定了社首的选拔规则是：

① 《请状文稿》，守德堂：《尧王山大赛底》，写本，1918 年。该写本为民国期间流传于长治市尧王山的迎神赛社仪式文本。

② 《禁赌碑记》，清同治九年（1870），现存武乡县石泉村。

社首须择身家公正之人以当。[①]

社首组织集体活动并不容易。长治浊漳河流域多山，冬冷夏凉，民众生活清贫，社费筹集较为艰难。明清以后，随着佛教经济的衰落，许多佛寺又主要仰仗村落资金，更加剧了社首的压力。这使其必须精打细算。许多信仰场所如果不是实在难以维持，社内就不会进行维修。长治市屯留区杜村宝福寺自清嘉庆二十一年（1816）修葺后，到道光二十二年（1842）才再次维修，此时寺院已经是“周围房屋垣墉，渐归倾圮”。[②]壶关县东井岭乡崔家庄村的三圣庙，自清咸丰三年（1853）修补后，到光绪十九年（1893）有三十多年未曾再修。如果再不兴工，“恐风消雨毁，日复一日，则倾圮更无底矣”。在这种情况下，社内才予以修缮。[③]

寺院创建、维修不易就需要社首有较强的组织能力。在诸多环节中，最重要就是筹资。如前所述，长治浊漳河流域的村落普遍贫穷，使得筹资极难，故常有“攒腋集千金之裘”的现象。明万历十八年（1590），黎城县枣镇村重修三教庙，社首杨友成和他的几个儿子杨尚春、杨逢春、杨新春都加入其中。大顺永昌元年（1644），张献忠兵锋直入长治浊漳河流域。战乱之中，长子县刘岳村的社首们仍然竭力行修葺之事，仅仅创建地藏十王殿就用了两年时间，所以在碑记上提到“精卫志笃，东海可填”，将这一行为比喻为精卫填海，展示了其中的艰难。[④]社首的德才水准得到了充分的表现。

除了动用公产，社首们筹集公共活动所需资金最常见的方法就是按地亩起捐。清嘉庆二十年（1815），襄垣县祝家岭村重修观音堂，就是每亩起钱十文，起米二合。[⑤]

社筹资的方式包括了募化。募化时，社首比较青睐于由本社走出的官员或商人。清道光年间，襄垣县七里脚村要重修佛祖庙。社首派人外出募

① 《乡规民约碑》，清嘉庆二十一年（1816），现存荫城镇长春村。

② 《重修宝福寺碑记》，清道光二十二年（1842），现存长治市屯留区杜村宝福寺。

③ 《重修三圣庙碑记》，清光绪十九年（1893），现存壶关县东井岭乡崔家庄村。

④ 《创修地藏十王殿记》，大顺永昌元年（1644），现存长子县刘村东岳大帝庙。

⑤ 《重修观音堂碑记》，清嘉庆二十一年（1816），现存襄垣县祝家岭村。

化：他们制作缘簿，专门向在外作贸易的人募化。

社首还要处理复杂的田产问题。西南呈全村在清嘉庆十二年（1807）有土地六十二顷，到清道光九年（1829）只剩下了五十顷零二十多亩。这是社众为了减少分摊数额而隐瞒不报地亩的后果。于是，社首们耗时两个月，清查出十六顷多被隐瞒的土地，解决了社费问题。[①]

总之，为了使社事能够顺利进行，社首们想尽办法维持着日常事务的进行，也维持着乡村社会的稳定，如果没有一心为公的品格和强悍的办事能力，是不能成功的。

第二，财力雄厚。虽然社首名义是村、社领袖，但并无收入来源，有时还要带头捐款，多捐钱粮。黎城县后峧村维修关帝庙，五十五千的资金全部由七十一名维首、社首捐出。[②]社首牛万钟为鼓励村民捐款修庙，先捐银五十两，在维修工程开始后又“捐钱三十余千”。[③]长治市上党区苗村在清乾隆年间重修观音阁时，常自法、王玉林、常奇、贾金贵、靳楚五班社首先各自捐款，然后才在本社其他村民处和外地募化。[④]正因为社首“事烦费多”，所以如果家产不够丰厚，自然就“难以支持”[⑤]，这就决定了社首必须是“殷实之户”。[⑥]不只是社首，其他主持者也是如此。明万历年间，襄垣县磁窑头村十一名村民要联合重修观音堂。可当时天灾流行，斗米涨到二百一十余钱，百姓连自保都成问题，何况维修寺院，工程自然流产。到三年以后，十一人再议修庙之事，但资金仍然不足。于是，首倡者赵士遵独力出资负责金妆彩画，这才带动了他人捐资完成工程。[⑦]

总体看，在传统的长治浊漳河流域，社首起着组织协调祭祀等村落集体活动的作用，对维持乡村社会的稳定起着较大的作用。不过，社首的工

---

① 《南呈镇大社搜地碑记》，清道光九年（1829），现存长子县西南呈村天神庙。

② 《重修关帝庙碑记》，清道光十六年（1836），现存黎城县后峧村关帝庙。

③ 《重修关圣帝君正殿并增修角殿厢房记》，清道光二十九年（1849），现存长子县马烟村关帝庙。

④ 《重修观音堂前后始末记》，清乾隆三十三年（1768），现存长治市上党区西苗村。

⑤ 《公立乡约规矩碑》，清道光八年（1828），现存潞城市合室村。

⑥ 《整饬社规永禁匪类碑记》，清道光二十七年（1847），现存潞城市贾村祖师庙。

⑦ 《襄垣县磁窑头村重修观音堂记》，明万历四十一年（1613），现存襄垣县磁窑头村观音堂。

作量巨大，常令人望而生畏。清乾隆三十七年（1772），武乡县吴村聚福寺住持僧人想重修寺院，于是与吴村三社商议。社首们以按地起捐，四处募化的方式共筹钱四百余千。在修缮过程中社首李全去世。其子李九财为不影响修建，踊跃任事，与其他两名管理人“鸠工庀材，或捐流于巨海，或捐升斗于太仓，四载之间，殿宇丹雘建观厥成，视昔之风雨飘摇者，今皆乌革翚飞矣！昔之暗淡无色才是，今皆金身朗耀矣”[①]。本次修建历时四年，而且父子相继，可见工作量之大。此外，社首并非公职人员，没有薪金，而且还要多资财。这些也导致常有无人愿做社首的情况出现。但是，村、社公共事务又需要社首。于是，有的村落就只能强行摊派：

户人中日后有应管社者，即派人入社管理，不得推诿。[②]

社与社首是明清以来村落重要的管理者，地位极其重要。直至抗日战争时期，中共在长治浊漳河流域农村建立革命根据地，将社、社首视为反动组织与势力，它们才退出了历史舞台，乡村社会管理制度由此进入了又一个时期。

① 《重修聚福祥院碑记》，清乾隆三十七年（1772），现存武乡县吴村。

② 《整饬社规永禁匪类碑记》，清道光二十七年（1847），现存潞城市贾村祖师庙。

第四章　三教合流思想及浊漳河流域三教堂的时空分布

第一节　三教合流思想的演变

中国文化具有强大的整合性。佛教传入后，儒、释、道三种思想体系在对抗的同时也互相融合，最终形成了三教并存合流的文化现象。那么，这是如何演变，又是如何表现在长治浊漳河流域呢?

一　关于三教排位的讨论

自佛教传入中国，中国思想界就开始了三教优劣之争，反佛声浪也一直存在。中国早期佛教徒常希望保持自己的特色，如一度坚持沙门不敬王者，提倡超脱世俗伦理道德的观念。但是，即使在佛教的发源地古印度地区，在释迦牟尼传教生涯中，佛教也离不开世俗政权的支持。故而，在早期佛教经典中，就已经或多或少存在了佛教认同世俗政权的做法。《毗尼母经》就提出佛法和代表王法的转轮圣王法均不可违。更何况在中国长期的政治体制中，宗教权力从来没有超越过世俗权力。由于宗教神学在一定程度上会成为一把双刃剑，世俗政权对宗教神学也就采取了既限制又利用的方式。在这种情况下，如果宗教得不到国家的认可，不能取得合法地位，是很难在中国立足的。早期的传教者如佛图澄为传教就要获得后赵政权的支持，成为朝堂重臣。这就决定了无论佛道，都要在世俗政权的许可下才能确保平安传教。同时，大部分中国民众对佛教的态度同对其他民间信仰的态度一样，虽然对佛教信仰场所，对佛法僧三宝保持敬意，却不是完全服膺。宗教只是其生活的调剂而已。民众最敬畏的仍是直接决定其现实生活与生存状态的世俗政权。

这样的社会背景使得佛教在与儒家理论及其后盾世俗政权的斗争中很难获得优势。自汉武帝“罢黜百家，独尊儒术”后，以三纲五常为核心的儒家思想成为中国官方的统治思想。至佛教传入时期，儒学正统地位已经不可撼动，也得到了多数知识分子、普通国民的认可，故而佛教理论已经不可能全面打破这一态势。佛教初传时，官方基本将其视为同道家类似的思潮，加之其影响较小，所以并不重视。魏晋南北朝时期，随着佛教势力的扩大，其教义同中国传统文化的冲突也在加剧。东晋以后，部分僧俗人士开始同儒道争夺排位。慧远听道安讲《波若经》，乃悟“儒道九流皆糠秕耳”。他认为儒为外道而佛为内道。儒家讲生生为大，道家以天地为大，二者皆属于俗世界，不能和佛教的出世间相比。同样，在世间为尊的帝王地位也要低于佛。《高僧传》还以谢灵云为慧远所折服来证明佛高于儒：

陈郡谢灵运，负才傲俗，少所推崇。及一相见，肃然心服。①

可以想见，这一观念必然会遭到儒道两方面的反对。在北朝，道安也提出了佛教高于孔教的说法。儒家所论，无论其道理如何，终归是一世之事：

书称知远，远极唐虞。春秋属词，词尽王业。至若礼乐之敬良，诗易之温洁，皆明夫一身，岂论三世。固知教在于形方者，未备洪祐；示逸乎生表者，存而未议。

同时，儒家理论不能练神而佛家则可以：

易曰：“几者动之微也，能照共微非神如何。”此言神矣，而未辨

① （梁）慧皎：《高僧传》卷六《义解三》，《大正藏》第50册，第361页。

练神。练神者闭情开照，期神旷劫，幽灵不亡，积习成圣，阶十地而逾明，迈九宅而高蹈。此释教所弘也。经曰："济神拔苦莫若修善。六度摄生净心非事故也。"①

不过，即使他们的影响很大，这一观点也只是停留在理论上，没能在世俗政权中产生大的影响。

就整个魏晋南北朝时期而言，佛教向世俗政权，向儒学妥协应该是主流。按僧祐的说法，道安提出了道依国主而立的原则。《出三藏记集》卷十五《道安法师传》是如此表述的：

四方学士，竞往师之，受业弟子法汰、慧远等五百余人。及石氏之乱，乃谓其众曰：今天灾旱蝗，寇贼纵横，聚则不立，散则不可。遂率众入王屋女机山。顷之，复渡河依陆浑，山栖木食修学。俄而慕容俊逼陆浑，遂南投新野。复议曰：今遭凶年，不依国主则法事难立。又教化之体宜令广布。咸曰："随法师教。"乃令法汰诣扬州，曰："彼多君子，好尚风流。法和入蜀，山水可以修闲。"安与弟子慧远等五百余人渡河夜行，值雷雨，乘电光而进。②

这反映出佛教向儒家与世俗政权靠拢的倾向。南朝宋时高僧慧义与车骑范泰交好。范泰与徐羡之不和，"虑及于祸，乃问义安身之术"。慧义回答道："忠顺不失以事其上，故上下能相亲也，何虑之足忧。"③这说明，慧义接受了儒家的忠义观而且用来指点当朝大臣。按《高僧传》等资料所记，诸多僧人都与权贵交好。这也说明僧人与儒学、世俗政权的联系相当紧密。而且，在记述事件时，帝王对僧人常有命、赐、诏一类的语言。宋元嘉时，宋文帝车驾临曲水宴会，就"命"释慧观与朝士赋诗。说明佛教与世俗政权这种上下等级关系在当时可能已并不罕见。

① （唐）道宣：《广弘明集》卷八《诘验形神第四》，《大正藏》第52册，第138—139页。

② （梁）僧祐：《出三藏记集》卷十五《道安法师传》，《大正藏》第55册，第108页。

③ （梁）慧皎：《高僧传》卷七《善解四》，《大正藏》第50册，第368页。

竺道生为宋太祖刘义隆所看重，也有类似观点：

后太祖设会，帝亲同众御于地筵。下食良久，众咸疑日晚。帝曰："始可中耳。"生曰："白日丽天。天言始中，何得非中？"遂取钵便食。于是一众从之。莫不叹其枢机得衷。①

随时间推移，各王朝设置僧官，颁布制度，加强对佛教的管理，佛教彻底失去了与世俗政权、儒家分庭抗礼的能力与意愿，由原来的意欲争锋而成为王朝统治的助手。隋唐五代至宋，朝堂一度盛行三教议论，其主要的内容便是辩佛道优劣，而儒家极少参加，因为已经没有了任何必要。此后，无论是朝堂还是学术层面，关于儒佛优劣的争论便基本绝迹。同样，佛教也自觉地放低了自身位置，承认了与世俗政权在等级上的差异。黄龙慧南开堂时，要先拈一炷香，说："此一炷香为今上皇帝圣寿无穷。"之后再拈一炷香，说："此为知军郎中文文武宷僚，资延福寿。次为国界安宁，法轮常转。"②

这一思想影响到了民间。即使是以佛为主的三教堂建修碑记中，也不停地有儒生对三教并立提出怀疑。贡生冯汝诚认为即使三教并列，民众仍需主要从儒家吸取道德营养。清道光三年（1823）至道光九年（1829），壶关县芳岱村重修三教堂，冯汝诚认为此举功大费多，村民"不以畏难而思阻，不以疑谤而思退，合百余家而踊跃争先，可见村人之勇，是皆然矣。"

夫以圣心之仁爱斯人也，老者安，朋友信，少者怀，推之天下，无不皆然。……以所求乎求子者，思慈；以所求乎臣者，思忠；以所求乎弟求乎朋友者，思友与信。将合一村而勉于仁义礼信之道，不失子臣弟友之谊，则不便大其居而师其教，崇其祭而师其道，是真能体师及百世之意，而可以祀于庙中矣。此立祠之至意也，至于佛老并

① （梁）慧皎：《高僧传》卷七《善解四》，《大正藏》第50册，第336页。

② ［日］东晙：《黄龙慧南禅师语录》，《大正藏》第47册，第629页。

立，则可置之不问云。[①]

按冯汝诚的观点，儒家思想无疑是民众思想道德素质的主要来源。民众最应崇拜的是孔子，而对佛祖道祖则完全不必理会。

事实上，从现存长治浊漳河流域的资料来看，虽然唐及以前由于材料缺乏难以判断，但可以肯定的是，自宋以后，不论哪种民间信仰体系，如果上升至政治伦理层面的意识，其目的都是维护儒家伦理道德，同个人信奉佛教以求人生解脱的情况并不相同。宋天圣四年（1026），黎城县看后村丁恕一家共修古佛堂，宣称其目的是：

伏遇当今皇帝有感，权复万邦。伏以皇帝万岁，府主千秋，当县官僚，常具禄位。[②]

明清以后，这一趋势更为明显。民间村、社、里、甲一类的基层组织建庙立祀时，维护仁义礼智信是主要目的。所谓的“神道设教”的实质是以神的威慑力来教化民众：

天地人三才之道，天道之显仁义礼智之信化民成俗之仪也。[③]

就是要论清“三纲五常”“君臣上下”“夫妇有别”“长幼礼序”。[④]这样的表述无疑充满着儒家教谕的意味。

在祭祀仪式中，还在有专门的祭文来祝福皇室：

祝太子伏以皇帝万岁万岁万万岁，乾坤并寿，日月齐明。常居九重

① 《重修三教堂记》，清道光九年（1829），现存壶关县芳岱村。

② 《建造阁古佛堂碑》，宋天圣四年（1026），现存黎城县看后村。

③ 《创建实会村观音堂碑记》，明万历二十六年（1598），平顺县实会村。

④ 《混沌赞》，王金荣：《前后行讲说古论有十论》，1927年，写本。该写本为民国期间流行于今长治市一带的迎神赛社仪式文本。

之宫，永镇千秋之殿。天慈广博，圣智渊深。天元太后，福祉如海阔山高；中国宫妃，寿龄同天长地久。宏垂圣训，四维覃着于门庭；大布严风，八表皆成于轨范。慈当保佑太子诸王，寿令并于山河，福祉通于江海……朝中仪式，四海不动烟尘；阁下论文，一国咸遵法度。伏愿寿延如泰山，福禄坚如磐石……风调雨顺，国泰民安。家家享丰稔之年，户户贺太平之世。伏乞圣寿无疆福无疆，万岁万岁万万岁。[①]

佛道之争的胜负也难以妄下断语。有关的争论资料基本在佛教著作中，自然将胜利的天平偏向佛教，有不公正的可能性。历代帝王常是既崇佛，又信道。崇佛在于其义理及心境修行，信道则在于其金丹及养生之术。不过，至少在学理层面，佛教应该是占据了上风。这主要是佛教高僧对道教经典往往也研究得较为深入，而道士对佛典的了解却常常相对浅薄，因此在辩论上处于下风。比如唐时的道士黄赜将五荫的荫字理解为覆盖，犯了常识性的错误。

二　三教并立及其合流

自佛教开始传入儒佛道就存在着矛盾，但这种矛盾并不代表双方一定要分出你死我活。从长期的三教关系发展脉络及最终结果来看，三教并立与合流成为主线。

一些僧人本身的学识结构就包括了儒道思想。早期僧人中多有通晓儒道之说者。

释慧严，姓范，豫州人，年十二为诸生博晓诗书。

……

释僧诠，姓张，辽西海阳人。少游燕齐遍学外典，弱冠方出家，复精炼三藏。[②]

---

① 《古论祝皇》，《赛书》，清咸丰十一年（1861），写本。该写本为清代流行于今长治市一带的迎神赛社仪式文本。

② （梁）慧皎：《高僧传》卷七《善解四》，《大正藏》第50册，第367—369页。

鸠摩罗什的弟子们也有许多佛典、《老》《庄》、六经皆通者。鸠摩罗什本人及许多僧人都依附于世俗政权，有的还具有官身。释道安受中国传统文化的影响就很深。他特别强调夷夏之辨，解释佛教教义时也多采用了《老》《庄》玄学思想。又如在中国流行甚广的禅宗，其思维就多有借鉴道家者。麻天祥认为南朝梁的慧皎“无法不缘”的本体观念显然是受了已经有老庄倾向的禅的观念，以及玄学家体末之辩思想的影响。[①]《大涅槃经》也吸收了道教长生不老的内容：

善男子！譬如甜酥，八味具足。大般涅槃亦复如是，八味具足。云何八味？一者常，二者恒，三者安，四者清凉，五者不老，六者不死，七者无垢，八者快乐，是为八味具足。具是八味，是故名为大般涅槃。若诸菩萨摩诃萨等安住是中。复能处处示现涅槃。是故名为大般涅槃。[②]

道安也明确提出：

三教虽殊，劝善义一；教迹虽异，理会则同。至于老嗟身患，孔叹逝川，固欲后外以致存生，感以往以知物化，何异释典之厌身无常之说哉！[③]

道教也开始吸收佛教轮回果报的思想。魏晋南北朝时的《灵宝智慧本愿大戒上品经》说：

生时不修善治身，忍割可欲，死方殡葬其骸骨，不知魂魄已更五毒，幽囚地狱，苦恼三涂，轮转五道也。[④]

---

① 麻天祥：《中国禅宗思想发展史》，武汉大学出版社 2007 年版，第 4 页。

② （北凉）昙无谶译：《大般涅槃经》卷三《名字功德品》，《大正藏》第 12 册，第 385 页。

③ （唐）道宣：《广弘明集》卷八《辩惑篇第二》，《大正藏》第 52 册，第 136 页，

④ 《灵宝智慧本愿大戒上品经》，http：//www.xiudaowang.com/portal.php?mod=view&aid=966。

这里面的地狱、五道概念明显来自佛家。

唐代玄嶷对此看得明确，他说：

> 道家宗旨，莫过老经；次有庄周之书，兼取列寇之论。竟无三世之说，亦无因果之文；不明六道之宗，讵述业缘之意。地狱天堂了无辩处，罪福报应，莫显其由。自余杂经，咸是陆静修等盗窃佛经，妄为安置，虽有名目，殊无指归。余更别举例论之。道家称天尊说经在尧舜以前，上皇之代。……老子说经当衰周之末。……何因天尊当淳朴之日，乃说地狱天堂罪福因果，三世六道应报业缘。老子当浇醨之代，乃说无为无事，恬淡清虚，雌柔寡欲，逗机之义？[①]

同样，从佛教传入中国开始，就有许多士人、官员研习并信奉佛教，从而使佛教不可避免地与自己早先所习儒、道产生交会融合。早期的中国思想界，多有将佛教与道教、黄老之学视为一类思想者，信徒也有同时信仰佛老者，东汉楚王刘英的事例被学者广为征引。《后汉书》本传记晚年其“喜黄老，学为浮屠斋戒祭祀”。东汉永平八年（65 年），朝廷下令犯死罪者以缣赎罪。刘英也让郎中令以黄缣白纨三十匹造访相国，称自己“过恶累积”，所以也要以缣赎罪。汉明帝自然不可能治他的罪，将其赎罪之物发还，让其用这笔资金“助伊蒲塞桑门之盛馔”。[②]这里的伊蒲塞指在家居士伊婆塞，桑门即沙门。刘英作为封王而信黄老、佛教的举动已经初显三教混融、和谐共处之态势。魏晋南北朝时，名士兼学佛道者众多。如南齐名士张融则言死后要“左手执《孝经》《老子》，右手执《小品法华经》”。[③]

不过，这些思想只是学者、官员、信徒在个人层面上的理解，对三教关系在社会上达成共识的影响不大。对三教合流起到巨大推动作用的是梁武帝萧衍。他是一个儒佛道兼习的典型。萧衍的作用缘于其特殊的身份。

① （唐）玄嶷：《甄正论》卷中，《大藏经》第 52 册，第 563 页。

② 《后汉书》卷四十二《光武十王列传》，中华书局 1965 年版，第 1248 页。

③ 《南齐书》卷四十一《张融传》，中华书局 1972 年版，第 729 页。

他首次以国家执政者的身份融合三教关系。[①] 萧衍早年学习的仍是儒道，与一般士人并无区别，后来又学习道教，最后才接触佛教。帝王身份使他考虑问题时不可能不涉及治国方针。萧氏治国，虽崇佛，却不否儒道，实际上印证了三教并存的可能性。

隋唐时期，三教并立合一思想再次被官方明确提出。比较典型的是隋文帝从国家层面理解佛教、道教、儒家并存的可能性。文帝宣称："门下法无内外，万善同归；教有浅深，殊途共致。朕伏膺道化，念存清静，慕释氏不二之门，贵老生得一之义，总齐区有，思致无为。若能高蹈清虚，勤求出世，咸可奖劝，贻训垂范。山谷闲远，含灵韫异，幽隐所好，仙圣所居，学道之人，趣向者广。西泉栖息，岩薮去来，形骸所待，有须资给。其五岳之下，宜各置僧寺一所。"[②] 在隋文帝看来，儒佛道三者并不冲突，而是殊途同归。

李士谦则提出三教鼎立说，《隋书》载：

> 士谦善谈玄理，尝有一客在坐，不信佛家应报之义，以为外典无闻焉。士谦喻之曰："积善余庆，积恶余殃，高门待封，扫墓望丧，岂非休咎之应邪？佛经云轮转五道，无复穷已，此则贾谊所言，千变万化，未始有极，忽然为人之谓也。佛道未东，而贤者已知其然矣。至若鲧为黄熊，杜宇为鶗鴂，褒君为龙，牛哀为兽，君子为鹄，小人为猿，彭生为豕，如意为犬，黄母为鼋，宣武为鳖，邓艾为牛，徐伯为鱼，铃下为乌，书生为蛇，羊祜前身，李氏之子，此非佛家变受异形之谓邪？"客曰："邢子才云，岂有松柏后身化为樗栎，仆以为然。"士谦曰："此不类之谈也。变化皆由心而作，木岂有心乎？"客又问三教优劣，士谦曰："佛，日也；道，月也，儒，五星也。"客亦不能难而止。[③]

① 庄辉明：《萧衍评传》，上海古籍出版社 2018 年版，第 228—251 页。

② （隋）费长房：《历代三宝记》卷十二《译经·大隋》，《大正藏》第 49 册，第 107 页。

③ 《隋书》卷七十七《李士谦传》，中华书局 1973 年版，第 1754 页。

唐代帝王同样倡导三教融合。武德七年（624），唐高祖李渊让博士徐旷讲《孝经》，僧人慧乘讲《心经》，道士刘进喜讲《老子》而让陆德明进行总结阐释。从政府层面而言的三教合流，必定是以儒家为核心的，反映出官方在以儒家为治国根本的思想下，利用佛、道为王权服务的趋势。

唐代儒生、僧人、道士群体还利用彼此的理论补充完善自己的理论。唐代是中国佛教发展的一个里程碑，几方观念融合的趋势也进一步发展。儒生李翱的《复性书》就以杂佛老之言支持自己“灭情以复性”的观点。[①] 道教也吸收了佛教中观学、心性论的影响。就佛教而言，它不断地吸收儒道相关论点来完善自己，同时也以此适应中国社会。佛教在沙门不敬王者等传统儒家伦理观念上的妥协就蕴含了这一倾向。唐高祖之后，直至宋代，皇帝常于朝堂举行三教辩论。如唐“贞元十二年四月，德宗诞日，御麟德殿，召给事中徐岱、兵部郎中赵需、礼部郎中许孟容与渠牟及道士万参成、沙门谭延等十二人，讲论儒、道、释三教”，出现了“借儒者之言，以文佛老之说，学者利其简便”的现象，客观上使三教加深了彼此的了解与认同。佛教界对三教的看法也进了一步，代表人物就是宗密。他虽然认为儒、道二教在认识社会与世界的高度上不如佛教，但同时也指出“孔老释迦皆是至圣，随时应物，设教殊途，内外相资，共利群庶”。宗密的佛教立场决定了他要将佛置于儒、道之前，但这种对孔老的肯定，认为三教均可利于教化的思想则是对隋代三教合流思想的发展。

宋元时期，这一理念继续发展。尤其是理学的基本架构得益于佛学者甚多。到了明清时期，三教合流的观念更加流行，在官方、帝王、士大夫眼中的三教关系，大致与前代相同，如明代影响最大的儒家学派阳明心学就大量借鉴了佛教理论。[②] 在信仰方面亦是如此。比如，关帝至此时已经成为一个融合三教权力于一身的神灵。约成书于明中期的《三界伏魔关圣帝君忠孝忠义真经》称关羽君临三界，“掌儒释道教之权，管天地人才之

① 赖永海:《中国佛性论》，江苏人民出版社 2010 年版，第 298—299 页。

② 同上书，第 286—304 页。

柄，上司三十六天星辰云汉，下辖七十二地土垒幽酆”[1]。三教所供神祇中均有关羽的身影。佛教中，关帝被称为护法伽蓝菩萨，在道教中，被称为伏魔大帝，在儒教中，被称为关圣帝君。再如晚明的林兆恩甚至创立“三一教”，宣称要通过“炼心”“崇礼”“救济”等手段，“以三教归儒之说，三纲复古之旨，而思易天下后世”。当然，林兆的三一教仍是以儒为核心的。不过，三教教主在信仰崇拜体系中形成了合一态势是没有疑问的。

这种三教关系也反映在长治浊漳河流域。宋代岚州团练推官毕仲荀认为佛寺清幽，佛像庄严，又有僧人朝夕焚香赞呗，使前来参观者听闻佛声而开悟，亲见佛像而信佛，原来易怒之心向于和顺，虚伪欺诈之心渐渐消除，还能更容易接受儒家的仁义教化，畏惧礼法刑典。总之，信奉佛教可以使人在潜移默化中和“近善远恶”，佛教可以很好地起到“厚元元之性，辅晏晏之化”的作用。佛寺的兴废与社会风气紧密相连，故而，要及时重修佛寺来辅助教化。[2]

就长治浊漳河流域而言，三教并立与合流实际上包含了两方面的内容：

一是佛教对其余二教有配合作用。除上述慈林寺的记载外，也有其他资料表达了这一观点。明弘治年间，壶关县黄崖底村立碑记重修三教堂之事。在纪念碑文中，明确指出了佛教可补儒道之不足：

> 盖闻佛慈广大，化日须长，消三千于弹指之间，增五福于刹那之中。法传东土，震旦流行，永平年间，渐渐兴隆，敕传天下，修理梵刹。重重宇庙，建立招提，垒垒演大，法于佛国，雷音声镇，轰于人间。四海僧标上士，僧名六和。僧传无习之灯，僧演六通之教。夫三宝者，即古至今皆然此乎？可续儒道二门并行于世，譬喻顶分三足，

---

① 《三界伏魔关圣帝君忠孝忠义真经》，胡道静、陈耀庭、段文桂、林万清：《藏外道书》第四册，巴属书社 1994 年版，第 272 页。

② 《潞州长子县慈林山法兴寺新修佛殿记》，宋元丰四年（1081），现存长子县慈林山法兴寺。

缺一难成。[1]

这段文字认为，佛教以慈悲行世，消除三千障碍，增长信徒福报，是儒道二教的有利补充，三教不可或缺。

有观点认为，正是因为儒家的衰落，才会有佛教来作救世渡人的工具。持此观点的儒生不在少数。清代水峪寺重修碑文的撰写者儒生白懿就说：

佛为西域天竺之神，何以入中华？释本虚无寂灭之教，何以伴儒道？求其故，自东汉始，乃天之不得已也。三代以上治道隆，民风厚，无佛之治，自高千古。汉晋以降，君心虐，民情戾，仁义之道熄矣。有沙门自西域来者，从容道轮回报应之说，是心慑其胆而服其心。盖大道衰则佛乘其乏舍正用奇，弃实就虚，能使人不存忍之心几希，此天救世之微权，即佛渡人之宏功也。是以上行下效，天下之大，建寺以祀之，至今惟谨。[2]

佛教教义可促使信徒执行社会主流伦理道德观念。明代南庄村的民众同样认为，佛教思想与主流社会伦理道德并不违背。信仰佛教能够对社会伦理道德产生极大的推进作用：

守规矩，敬天地，祭神明，尊敬长上，和睦邻里，敬重五谷，行慈心，爱老刁贫。使一方风调雨顺，国泰民安，君正臣贤，父慈子孝，夫正妇贤，顺理从天，三教圣人，忍善为先。[3]

二是三教思想在最终教化功能上殊途同归。如前所述，三教合流是大

① 《重修铁佛庵记》，明弘治十七年（1504），现存壶关县黄崖底村。

② 《重修水峪寺正殿两厅山神祠碑序》，清光绪十七年（1891），现存平顺县豆口村。

③ 《大明国山西潞安府壶关县重阳乡安化一里南庄村为重修莲花山古庙碑记》，明嘉靖三十八年（1559），现存壶关县南庄村。

趋势，但归于何处、合于哪个“一”有不同的理解。

第一，归于生命的终极意义。“三教圣人以性命学开方便门，教人薰修以脱生死。”无论儒、道还是佛，最后都是指点人看破生死玄关。“儒家之教，教人顺性命以还造化，其道公；禅宗之教，教人幻性命以超大觉，其义高；老氏之教，教人修性命以得长生，其旨切。教分三道，其道一也。”[①]在这种三教判定中，儒为公，禅为高，道为切。三教虽有区别，但这种区别只是从不同角度来教导人参悟人生的，最后目的完全一致。

第二，归于教化。这种情况更加普遍。在长治浊漳河流域，明清以降的许多石碑碑额上，我们可以看到“万善同归”的字样，体现了民间社会对“道非不同，其理一也”的理解。“天下无二道，圣人无二心。”三教虽然教理不一，但在教人向善方面却是一致的。

> 佛教之入中国，□天道之使然也。不然，何自汉迄今，庵寺遍环宇哉？我国家统一四海，存其教而不废者，亦因其能劝人为善，有裨于治道欤？[②]

元代《重修法云院记》言：

> 夫圣人设教，与时宜之也。虽言奇于俗，行异于常，而化民以善之意……示迹双林，分身百亿。或修之以塔庙，或造之以浮屠。厥后白马西来，敦流东土。至于汉明，始为佛寺，开坛度僧，不可胜记。迄我皇元，列圣相承，崇佛敬僧，弥加前代。京师郡邑，林泉山野，遍兴释宇。[③]

清代郝廷栋的说法与其类似，认为佛教本属以夷乱夏者。凡信奉佛教者，舍身寺院，不重人伦，又煽惑愚昧百姓，是圣人必须要摒弃的。

---

① 《三佛庙创建建碑序》，清同治元年（1862），现存黎城县性空山三佛庙。

② 《重修水峪庵记》，明弘治十五年（1502），现存平顺县豆口村水峪庵。

③ 《重修法云院记》，元延祐五年（1318），现存武乡县永丰村。

但是，自汉唐之后，历宋明至清代，佛寺却修葺不废，“愚民信者日见增多”。官方以理教化他们则冥顽不灵，用法令强制则悍然抗法，但若向他们展示福田果报的说法，则立即畏惧而奋力向佛。基于此，佛教实不应该被废弃。①

清宣统年间，平顺县南庄村重修三圣寺，纪念碑文完整阐述了这一理念：

首先，碑文指出：“三教圣人设法，莫不诱引一切人为善。”那么，三教是如何导人向善的呢？碑文接下来做了解释：“释氏教者教人持斋念佛，躲避是非……增智慧，长福德，不争竞，不愚心。事事行善，让人退己。盖寺建塔，修桥补路，印经造像，斋僧布施，修盖庙堂，使一村一社人来烧香祷祝，保一方人民安乐，五谷丰登，合家康宁，此是释教之法则也。”

佛教让人远离世俗相争，又教导人增长智慧，处处行善，忍让为先。村落如果人人信佛，形成良好风气，则可以合家安康，五谷丰富。

“道教善悉清新养气，成仙得道，延保长生，出家可行，在家难以，此是道教之法则也。”道教纯属回归自然，只是为了成仙长生，但此种修习方法不利于在家修行，只利于出家之人，受众面较小。

儒教则以三纲五常为基本行为规范。“圣人之教者，要知三纲，晓五常仁义礼智信。”世人“因你强我弱，欺凌不平，才起事非”，最后触犯国法，“倾家败产，性命不存”。倘若人们能够遵循“圣人之法”，就不会有以强凌弱，争斗不休的现象。

由此看来，虽然三教的作用不同，对世俗之人所起作用有大有小，但它们都能给信仰者带来福报：

> 若依三教行法，何有争乱之事，平坦逍遥过日，可不是丰穗之世界也。②

---

① 《观音寺补修佛殿碑记》，清嘉庆四年（1799），民国《武乡新志》卷三《金石考》，《中国地方志集成·山西府县志辑》（41），凤凰出版社、上海书店、巴蜀书社2005年版，第253页。

② 《大明国山西潞安府壶关县重阳乡安化一里南庄村为重修莲花山古庙碑记》，明嘉靖三十八年（1559），现存壶关县南庄村。

从来圣非大德，庸有不祀之乡，教非高真，亦才有不敬之时。若佛也，宝筏东流，福德遐迩，法临西方，有天花散彩之瑞，慈示中国，传观叶成文之妙。老也，化行南楚，功垂天壤，箕斗定安，任开天辟地之责，卦行分立，负炼海烧山之任。且孔也，道兴尼山，师表万世。删诗定礼，不辞考究之劳，赞易序书，欲著圣贤之隐。三圣之德大教高，万不可有不祀之乡，不敬之时也。[①]

士人们渐渐认识到，佛教已经完全融入中国社会，成为辅助王朝教化民众的重要工具，而佛寺作为佛教根基，不能贸然用强制力量将其折毁。在长治浊漳河流域。明清以来，地方儒生从不同的角度来论证佛寺存在的必要性。

明代李惟认为佛教难以尽除的原因在于其虽宣扬尘界六合，幻梦人世，但即使是帝王也有礼佛者，而佛教一般信徒也似乎有大道存于一身表现，所以儒家不能完全否定佛教。狄、胡二人严禁佛教，后人也称赞其行为，却终究不能完全扑灭佛教精神，故而，阻止佛教流传不能依靠强制手段。他认为，从历朝情况来看，虽然国家多有禁例，但民间修寺立塔者又越来越多，"梵宇琳宫巍然壮丽"，其间有僧人还获得朝廷礼敬，无非是朝廷要借佛教劝人"动其为善之念，起遏恶之心也"。[②]这是总结了历代佛教与僧人的遭遇得出来的结论，基本符合事实。历代王朝对佛教政策基本都是限制与利用相结合。不救灾，无论哪种方式占据主导，政府从来没有能够完全禁绝佛教的流传。

魏元武也认为，佛教自汉代传入中国，已成气候，此时，若一定要禁止其流传，并不符合古圣贤神道设教的深意。他认为："君子作事宜民之心也。"既然民众有此诉求，那么智者就会顺势而为，允许寺院的存在对教化村民有利，于村落而言是一件幸事。[③]

---

① 《重修三圣寺大佛殿碑序》，清宣统三年（1911），现存平顺县榔圆村。

② 《复立崇兴寺记》，明隆庆元年（1567），民国版《武乡新志》卷三《金石考》，《中国地方志集成・山西府县志辑》（41），凤凰出版社、上海书店、巴蜀书社 2005 年版，第 243 页。

③ 《重修聚福祥陆军碑记》，清乾隆三十七年（1772），现存武乡县吴村。

《重修崇法寺碑记》则从时代变迁，民心不古及平民生计方面来论述佛道的合理性，是一篇完整论述佛教为何能在中国社会立足的论文。

文章认为，三代以上佛道不会被社会所容，而三代以下佛道为社会不可或缺。究其原因在于中古之时：

> 人心浑朴，风俗淳厚，人人有士君子之行，故不必有所劝而为善，不必有所惩而自不为恶，所以凿井耕田，共遂其优游之乐。当是时，虽有老佛生于其间，亦拱默而无所施其术，此其所以无老佛者也。降及后世，嗜欲之恋日深，攻夺之谋日甚，邪僻残忍有非刑罚所能禁者，释氏于是设为轮回果报之说为发聋而振聩，故人多不畏刑罚而畏鬼神矣。是吾儒导人为善而二氏禁人为恶，亦运会所趋，有不得不然者也。

这是指明佛道有补充儒家学说的作用。该文还指出：

> 自井田废后，鳏寡孤独废疾之人无以自养，往往寄迹其中，以全其躯命……今必欲驱数十万无恒产之人而使之托身无所，安能保其不贫且盗也？然则井田一日不能复，则二氏之教一日而不能废，古今异宜，未可以拘虚执也。

这段话称赞佛教、道教可安养弱势群体，使其能得养天年，不致成为社会治安祸患。当然，这种把井田制看作治世良药的说法带有保守性，但认为佛教有救助流民等弱势群体的作用是其内在道理。北周武帝灭佛后，隋文帝重新允许佛教流传的原因就在于当时流民众多。恢复佛寺、允许民众出家的政策将流民置于政府管辖范围之内。开皇十年（590），隋政府下令听许私度僧尼出家，据说只一次受度者就有五十余万人。这些流民归入寺院有利于社会的稳定，在一定程度上缓解了政府感到棘手的治安问题。

该文接着说：

我国家制作精详，越越万古，其自京师以逮乡郡州郡，莫不立之学宫，其于吾夫子之道可谓极尊崇之礼矣，而于浮屠老子之官亦未尝设为厉禁，而听民之自为修举。

这段话指明历朝在以儒为尊的前提下，默许了佛教、道教的存在。

又且僧纲道纪之属以统辖其徒而息其纷争，盖兼听并观，廓然无外，非恒情所能仰窥其万一也。[①]

这段话指出僧人道士有戒律制约，能够减少社会矛盾。

三　地方官员对佛教的态度

事实上，即使是鄙视佛教、僧人的官员，也并不否认佛教在净化社会风气方面的辅助作用。

明嘉靖八年（1529），武乡县崇城岩圣泉寺僧人重修观音堂后，请县庠生写一篇纪念碑文。从这篇碑文看，作者将儒家摆在了高高在上的位置，认为僧人自乃“天地弃物”，指出僧道不合大道。不过，他同时也说：“夫观音僧道也，彼虽拘其教而未能脱，然犹知吾父子君臣之懿，文章礼乐之盛。”既然如此，那么释家就仍可与大道相符，兴起在逻辑之中。基于此，为观音堂撰写纪念碑文也就不会不合大义了。[②]

一些僧人还用自己的实际行动感化了地方官员，进一步促进了佛与儒、佛与官的融合。清康熙年间，李援任武乡知县。他本对佛教不感兴趣。他的疑惑在于：佛法是慈悲为本，方便为门，所以僧家修桥、铺路、立像、劝善，都符合普度众生的宗旨，可建造佛塔与修桥铺路相比，在普度众生上所起的作用似不可同日而语。佛塔高耸云霄，颇有炫惑世人的功效。僧人洪润改变了他的想法。洪润“掷杖焚修，募结草瓢”，居所

① 《重修崇法寺碑记》，清嘉庆二十四年（1819），民国《武乡新志》卷三《金石考》，《中国地方志集成·山西府县志辑》（41），凤凰出版社、上海书店、巴蜀书社 2005 年版，第 241 页。

② 《崇城寨观音堂记》，明嘉靖八年（1529），现存武乡县崇城岩。

仅能遮蔽风雨。在当地苦修二十八年，闻者见者都钦佩不已，称其为圣僧，从而名声大振，所获各类施舍如注。有了资金的支持，洪润开始整修寺院，建造神殿，彩塑佛像。同时又积极为善乡里："凡桥梁崩陷，道四处崎岖，艰于跋涉者，志为补修。"当时的乡村缺医少药，洪润又承担起了乡村医生的职责。"乡愚疾病，问方求药者，或泥丸、草根、野叶、山枝，与食即愈。处处开方便之门，时时发慈悲之念，勤善行好，不啻恒河沙数。"李援平日从不参佛，又十分痛恨佛教。但有一天，他因公务路过段村，于庵中休息，洪润负责了接待事宜。李援见其"古心古貌，诚悫端庄"，不是一般的僧人可比，由此而产生好感。后来，洪润请其为新建的佛塔题词，引起李援反感，责问洪润："尔造塔之意何居？"洪润的解释是自己曾立誓愿，出家后要盖庙建塔，塑佛装金以及修桥铺路，功善好施，推广佛教，方便众生。现在塔已经造成，夙愿已了，所以才请知县题记，绝无夸耀之心，以此来迷惑世人。李援听后大受启发，思量"佛法无边，慈悲救苦，虽无了无休，而毕生岁月，岂无尽期？"他感慨洪润"愿力既酬，问心无缺，是毕生之功德圆满"，由此改变了对佛教的一贯态度，为该塔题写了碑文。[①]

明隆庆年间，黎城县南陌村重修大圣寺。寺僧明镇请黎城县尉撰写碑记。该县尉本来对佛教的明心见性，轮回劫化不感兴趣，但看到明镇"创诸天殿一，钟鼓楼二，葺前后水陆、伽蓝诸殿，山门、石桥等役，绘塑圣像若干尊，铸造铜鼎器用若干件"的行为后深受感动，认为明镇"寿届八旬而犹甘劳瘁，忘衰疲，使二殿复新，山门恢拓，盖虽未见斋戒持律，诵读其书，而崇饰塔庙，实所优为，可谓不以欺佛为者矣"。心诚为明镇第一优点。再者，佛教灭人伦，逃俗世，虽为儒者所不齿，但僧人能够坚守志向，不惧苦行，即使年迈也毫不迟疑，实在是坚守志向的典范，足可以用来教育世人。他认为，南陌离县城百里，儒风淡寡，民众好聚讼争斗，明镇修寺能够起到很好的教化作用：

① 《千佛塔碣》，清康熙五十四年（1715），现存武乡县千佛塔。

> 自今伊始，有志于业儒，则可以兴礼义；有志于息讼，则可以登善良。①

佛教的教化作用在此处尽显。

部分官员和僧人甚至有较深的交集。如前所述，我们已经提到众多的佛寺碑文均为儒者、官员所写。在长子县法兴寺兴衰史中，元代曾有作为正统儒家代表的翰林修撰宋道与僧人进行了一次长篇对话。当时的山主云珂喜与士大夫交游。他本身为高平宿儒仇文昌之子，佛法精深，与宋道家三代有旧。一天，他找到宋道索文，要勒之于石，“为山门不朽之传”，如果宋道不答应，他就会感到功缘未尽，“没齿而有恨”。宋道念及两家故交，欣然应允，却对僧人如此不能平心静气感到诧异。他对云珂言说佛家讲“幻灭灭尽，非患不灭”，“变者变，不变者不变”。正所谓“栽松道者身先老，放下锄头好再来”，又何必如此执着呢？三千大千世界，犹如空花乱起乱灭。如果把文章刻到石头上，就以为可以“为山门不朽之传”，岂不是近乎虚妄之言吗？云珂一时竟无言以对，只说：“兹事且置勿论，记不可不作也。”②文中所言“栽松道者身先老，放下锄头好再来”源自黄庭坚《再答静翁并以筇竹一枝赠行四首》，原诗为：“栽松道者身先老，放下锄头好再来。八万四千关捩子，与公一个锁匙开。”该诗颇有禅意。宋道同云珂谈论幻灭、三千世界的问题，以佛家性空思想来反诘僧人执着之心，批评云珂过于着相，不合佛家真义，句句直指对方要害，可见他对佛教的教义了解颇深，而云珂竟理屈词穷。双方角色给人以错乱之感。

第二节　佛寺在村落中的地位

前文所言，大致为理论上的三教合流。就本书探讨的主题而言，三教合流还表现在村落信仰具体的寺庙系统布局中。

---

① 《南陌镇大圣寺重修二殿山门记》，明隆庆五年（1571），现存黎城县南陌村大圣寺。

② 《潞州长子县慈林山法兴寺记》，元至元十年（1273），现存长子县慈林山法兴寺。

中国村落佛寺的数量实在无法统计。正如安子讷所言："梵刹鳞星，无如梁魏，而亡也忽焉，矧圣学昌明，私创之律炳如，复倾有用之赀以饱阇黎无厌之溪壑者？乃吾所过都巨衢不具论，降至僻里荒村，仅盈百户，又悬崖旷野，人迹罕经，亦多有贝宫巍焕于其中。"在这种情况下，儒家所倡导的忠臣义士之祠经常寥落，纪念者只能在"荒烟寂寞之乡"凭吊，相反，寺院莲座"峨然焕然于晨钟暮磬之下"。①

位于村落之间的佛寺必然和村落的方方面面产生联系。

一 佛寺与村落风气

遍布于中国村落的佛寺，为民众提供了必需的信仰场所，同时也诱导民众向善，起到了神道设教的作用。这种方式明显区别于三教人士在学术理论层面的探讨而将三教合流以一种更加直观的方式表达出来。

元至顺年间，土河村真如寺僧人欲重修庙宇，但仅凭个人力量也只能修补一些砖瓦，至于大规模的修建则力有不逮。乡耆樊崇、李兴等人决定捐献钱物修庙。这一花费大量财物修葺寺院的举动并不为所有人理解。当时就有人提出异议，认为佛教徒不耕而食，不蚕而衣，不应为其捐资。乡贡进士张□进行了反驳，指出虽然钱财对于个人而言十分重要，虽然僧人"不出院而库余朋贝"，不劳而获，但其德行能够教化乡邻，而寺院是僧人居住地及教化场所，应该予以保留。②

清乾隆年间，武乡县重修净云庵。时人以为："人性之无不善也，苟有以触其天机，使诚发于中而夺于物，则悦安而守固，虽不必尽合于道，而亦可以破人心之悭，乐施之用，而相与观古道之留。"佛教教义虽然不与儒家之道完全一致，但却能让人变得乐善好施，也暗合古道真意。他们认为，自古以来，"民可使由之，不可使知之"。由于知识层次低下，所以"盖深知牖民训俗之方，难与言精微中正之故，而因其机而导之，即庸愚不苦以为善之无阶"。如此，则只有通过民众能理解的方式才能引导他

① 《永兴寺重修碑记》，清乾隆三十一年（1766），民国《武乡新志》卷三《金石考》，《中国地方志集成·山西府县志辑》(41)，凤凰出版社、上海书店、巴蜀书社2005年版，第236页。

② 《真如院记》，元至顺四年（1333），现存武乡县土河村真如寺。

们行善："如世之修庙祠，神得无近似乎？"在神灵的威慑或诱导下，民众的道德水平会得到提高："今夫人莫不各私其有，往往父子兄弟箪食豆羹吝形于色，一旦割其财而分之，泥神木佛，将毋悭甚，乃毫无芥蒂，乐为资舍而竟力，虽心之蒙，实善之机也。"人有了行善的愿望，就是整体社会风俗转好的契机。"不然，人孰不欲拥沃壤，起台榭，居有连檐高阁之丽乎？如必正其非辟其说，将并驱为鄙吝而一物莫舍，是诲之私也，绝其向善之萌也，大昧先王神道设教之旨也。"因为信佛能够让人由吝啬变为慷慨，能够使父子兄弟不再为家财衣食的分配而起争执，所以"与其禁之，毋宁存之，以广其义，是亦行古之道而医世之微权寓焉矣"。因为佛寺众多，所以"吾乡人多好善"，而信仰最盛行的东部地区更是善人、善行最多的地方："邑东称最。"[①]针对"魏晋以还，佛教日兴，祸乱益甚，人皆谓佛不足事"的观点，时人认为这不在于佛教无助于社会风俗改良，而恰恰在于民众不能遵从佛教宗旨。如果人们真正理解了佛教虚无寂寞的含义，怎么可能"覆国而丧邦"？"信其牛马蛇虺之狱，虽未免重物而轻人，何反损下以益上？""是知世之媚佛者，非喜其虚无，亦非信其因果，但欲借佛之婆心以免其穷凶极恶之罪耳。"[②]

民间信仰的佛教流派来应多属于禅宗一脉，这符合民间信仰的特点。不但民间信徒多有不识笔墨者，僧人亦不例外，一些高僧大德也是如此。禅宗之所以能够成为中国影响力最大的佛教流派，就在于其修行方法的简单易行，尤其是南宗强调众生"本性自有般若之智，自用智慧观照"，又强调"一切万法尽在自身心中，何不从于自心顿现真如本性"。其"若识本心，即是解脱"，"直指人心"，"见性成佛"的主张使得修行者省去了许多修行环节。更主要的是，南宗提倡不假文字经典，不讲求修行方式大大发展了佛教的"方便之门"。南宗能在市井流传，扎根于基层民众之间是有其内在道理的。相传慧能就不识文字，有人请教经文内容，他就直接让别人口述佛经，然后再予以讲解。《坛经》机缘品第七载：

---

① 《重修净云庵碑记》，清乾隆二十五年（1760），民国《武乡县志》卷三《金石考》，第240—241页。

② 《重修翠岩寺碑记》，清咸丰三年（1853），现存长治市上党区西火镇翠岩寺遗址。

师自黄梅得法，回至韶州曹侯村，人无知者。有儒士刘志略，礼遇甚厚。志略有姑为尼，名无尽藏，常诵《大涅槃经》。师暂听，即知妙义，遂为解说。尼乃执卷问字。

师曰："字即不识，义即请问。"

尼曰："字尚不识，焉能会义？"

师曰："诸佛妙理，非关文字。"

尼警异之，遍告里中耆德云："此是有道之士，宜请供养。"有魏武侯玄孙曹叔良及居民竞来瞻礼。时宝林古寺，自隋末兵火已废。遂于故基重建梵宇，延师居之。俄成宝坊。[①]

散布于村落的寺、院、庵、堂、阁基本得不到官方经费资助，只能靠僧人长期劳作、化缘及施主布施、村落帮助维持。僧人的劳动时间自然占用去了他们学习佛经的时间，而乡野之中不识字者为多数，这就使得无论是僧人还是信徒，文化水准都普遍较低。长治浊漳河流域并无通都大邑，流落在此地的僧人也少有见经传者，故而在这种情况下信仰方式趋向简化也就更顺理成章了。比如襄垣县白云寺有僧人清灯，长子人，"甘淡泊，绝嗜欲，忍人所不忍，容人所不容，而且殊不识字画，口殊不诵经文，唯弥陀字不绝于口，所谓修以心，不修以迹者也"。从这段表述来看，清灯和慧能的情况一样，更注重明心见性，但这并不能妨碍他成为当地名僧，引导民众向善。他的教导使得当地家家讲忠信，户户说淳朴，而忠信淳朴也同时是儒家官方认同的主流伦理道德。在这里，佛家取代了儒家的功能。同时，僧人的神异事件更加强了民众的信仰程度。清灯于清乾隆十六年（1751）正月初八圆寂后，几个月颜容仍如生时。这使得四方信徒倍感神异，于是，数百人集资为其建塔。[②]

寺院还会将佛教故事融入寺院修建过程。这些故事有着明确的道德指向，也体现了教化目的。长治市潞州区故南村有一个传说。一名炼制长生不老丹的道士偷走了该村的一百名婴儿，要挖婴儿的心作药引。观音知晓

---

① （元）宗宝：《六祖大师法宝坛经》，《大正藏》第48册，第355页。

② 《七里脚西寨翔龙建塔碑记》，清乾隆十九年（1754），现存襄垣县七里脚村白云寺。

后，作法将一百个小孩救走，活活气死了道士。当地民众为了感激观音救难的行为，特地盖起了观音堂，在每年二月十九观音诞辰日谢恩祭祀，形成了观音庙会。

除了一般意义上的化民成俗外，寺院还能促进乡野文风，这是佛与儒融合的又一证据。长治浊漳河流域的民间社会非常重视耕读传家，至今仍留存有许多“耕读传家”的牌匾。民众普遍认为

> 百工之首，务重农桑，儒文之行，宜劝学业。①

在民间，有人将三教合流思想进一步发挥，认为寺院的存在可以直接促进文风。这种思想并不罕见。在《聊斋志异》等志怪小说中，荒山古寺中常有书生苦读，并由成就一段人鬼、人妖恋。崇城岩圣泉寺就是儒生喜欢的地方。该村先正、金代进士李公、前明进士莱阳令李公都曾在寺中苦读。因寺前的岩石得名为进士岩，又名读书岩，备受当地读书人青睐。该寺在明嘉靖始建时，仅是一座佛堂，到清康熙、雍正时，已成远近闻名的大寺院。在清代，该寺继续给读书人带来好运。武乡县先正赵松溪、赵敬哉、赵绵庄先后在此攻读诗书。赵松溪以孝廉之名主政荣城，赵绵庄则出仕晋阳。其他读书人看到这一情景，纷纷来此修习儒学：“读书于是山者，采芹食气，指不胜屈，而崇城之胜遂甲邑中矣。”武乡县学教授张锦心仰慕该寺，夏天来此造访时发现寺院破旧，于是召集村民重修，认为：

> 崇城之名胜视为缁流坐蒲说法之所，谓足齐芳于鹫岭，争胜于上溪也可。即视为吾儒居敬理穷理之所，谓足与考亭之鹿洞、子静之鹅湖、魏华之鹤山，比烈于千古也，亦何不可。②

清王朝统治结束，民国肇建，崇城岩热度不减。前清廪生李鸣凤对这一问题再次进行了论述。李鸣凤能够理解此地是避兵祸、远暑热、修释

① 《严禁赌博碑记》，清咸丰七年（1857），现在潞城市薛家庄村观音庙。

② 《重修崇城岩圣泉寺碑记》，清光绪十三年（1887），现存武乡县崇城岩圣泉寺。

家、观美景的胜地，却不能理解张锦心为何将寺院与白鹿洞、鹅湖、鹤山相提并论。他思索之后终于明白，原来儒生观山水之乐便会心有所感，且与天理相合，所以才有“仁者乐山，智者乐水”之说。崇城岩厚重不能迁徙，所以同仁者之仁一致；圣泉活泼流动，又类似于智者之智。有志于陶冶性情者必志在高山流水。观高山仰止则道心从容，这远非避兵、拂暑、修斋、诵经、游玩可比。他希望通过自己所写碑记让后来者知晓寺院蕴含的仁智之义，从而继承其风流余韵。[①]

壶关县清流村有天宝寺，该村官宦辈出，不但出了高官，而且也层出“王府之妃侯”。村民认为这一方面缘于此地人杰地灵，另一方面“尤赖佛光之普照也。默佑上达，古今世子沾雨露；重慈万方，天下苍生沐洪恩”[②]。

二　村落信仰系统中的三教合流

总体看来，佛教融入乡村社会并无违和感，也为传统文化接受。在传统村落的祭祀流程与信仰场所的建制中，我们能够直观感受到三教合流的方式。历史上长治浊漳河流域盛行迎神赛社。祭文中带有明显的三教融合特征。现举清代《报晓文》一例：

> 伏以诸位尊神，鸡鸣架上，三唱楼头，昼角初明。道儒诵念。教典释子，讽诵经文。惊惺列位众圣，礼当劳神而起。[③]

又《祝赞》文说：

> 一去一个金刚字，两个金刚把殿门。山门左右竖金刚，紧接天王坐四尊。五方龙王朝金殿，六背哪吒金甲神。七眼砌就真金阁，八宝铜炉一块金。九耀星官朝金殿，十大高僧金渡成。头戴金冠接七星，

---

① 《重修圣泉寺东西楼暨韦驮碑亭记》，1913 年，现存武乡县崇城岩圣泉寺。

② 《清流村重修天宝寺佛殿碑志》，清乾隆十三年（1748），现存壶关县清流村。

③ 《报晓文》，守德堂：《尧王山大赛底》，写本，1918 年。该写本为民国期间流传于长治市尧王山的迎神赛社仪式文本。

初凡下将鬼神惊。色色两道扫帚眉，一对仙眼赛流星。左手执定龙头杖，右手捧定一卷经。门派标写七个字，年年添寿老人星。只记红尘不记都，终南山上有茅庐。果老师父来渡我，群仙队内女丈夫。手拿罩篱入红炉，换仙胎，脱仙骨。要知小仙名和姓，八洞神仙何仙姑。①

还有《祝山》文言：

少林寺神拳神棍，灵山上出了世尊。老峯山仙人好景，武当山玄帝行宫。花菓山齐天大圣，捞茄山南海观音。伏牛山道童学艺，凤凰山出在海东。太行山有头无尾，终南山湘子修仙。万岁爷当今皇帝，武台山皆皆真僧。赛过了蓬莱山岛，压碎了王母崑崙。一山未尽一山行，十里哪有半里平。曾问老僧何处去，远观一带蟒山景。②

在这样的表述中，金刚、高僧、九曜星官、八仙、少林寺、灵山、世尊、武当山、观音、齐天大圣、万岁爷、五台山、蓬莱这些佛、道、儒的形象的交错出现，体现了强烈的三教杂融态势。

《八仙诗》更是明确写道：

一僧一道一儒仙，三教原来总一般。佛流生老病死苦，金木水火老君传。儒留仁义礼智信，世上哪有不周全。三圣齐归极乐国，一掉周朝八百年。③

信仰场所的三教合流更加明显。三教合流在寺庙建筑上的特点，大致可分为三个层次：

① 《祝赞》，王金荣：《前后行讲说古论有十论》，1927年，写本。该写本为民国期间流行于今长治市一带的迎神赛社仪式文本。

② 《祝山》，王金荣：《前后行讲说古论有十论》，1927年，该写本为民国期间流行于今长治市一带的迎神赛社仪式文本。

③ 《八仙诗》，王金荣：《前后行讲说古论有十论》，1927年，该写本为民国期间流行于今长治市一带的迎神赛社仪式文本。

一是全神庙的建立。在此类寺庙中，儒、释、道三教神祇聚于一堂，还塑立着诸多不知其派别的神祇。如壶关县沙窟村玉皇七佛庙，将道家与佛家神祇并供。2018 年，本人对玉皇七佛庙进行了考察，该寺前院供奉玉皇，后院的石窟中仍有残缺的佛像存在。

在平顺县东河村九天圣母庙中，随时代的推移，各类神祇都拥有了自己的神殿。该庙本祀九天圣母，是典型的道教神祇。到清代乾隆、道光年间已经有了三曹殿、十王殿、十阎君殿等供奉佛教神的场所。同一时期，道教的二仙真人，儒家的关圣帝君也都有了自己神殿。襄垣县西里村凉楼有东岳行宫，供道家神祇东岳大帝。但是，明代的住持为兴福寺的善英、善慧两位僧人。他们勤于修行，感动了冯道充、苗天禄、冯道行三人捐资塑佛像三尊置入庙中。①

襄垣县西北阳村于清道光至同治年间重修，除了正殿立有诸佛神像外，在夹室左边立玉皇大帝像，右边立关圣帝君、显济王、灵贶王神像，东西两角殿左立牛马王神位，右立五谷财神神位，是明显的诸教混融的格局。②

二是在村落寺庙体系中，各流派寺庙都得以共存。村落的信仰建筑多样，寺、观、堂、阁、庵、庙、堂同时可见，它们各司其职，护佑村落。如《重修洪济院》碑记载：

> 原夫圣王之祀典也，法施于民利则祀之，勤劳定国则祀之，主宰文衡则祀之，御灾捍患则祀之。佛骨迎自西域，释教流入中土，遂与圣教并立于人寰。是故通都巨邑浩刹森严，即偏区僻壤亦殿宇林立。自汉唐至以迄我国朝，无朝弗奉，无代弗修。然其人之所致胜者，非徒壮观瞻，令闻誉，所以培风脉而伸祈报也。③

该村寺庙按五行八卦方位罗列：“洪济院一所，掘起乾岗，文昌阁、奎星阁锁鑰巽隅，五道庙、土地祠东北护佑，众神殿、三官阁壮丽中

① 《佛像记》，明万历四十四年（1616），现存襄垣县西里村凉楼庙。

② 《重修古佛庙碑记》，清同治五年（1866），现存襄垣县富阳园区西北阳古佛庙。

③ 《重修洪济院碑记》，清雍正七年（1729），现存武乡县东良村洪济院。

央”[1]，融入一个信仰体系之中。

清顺治年间，道人王一炁建议长子县善村社重修合村神庙。社首刘进场等集资重修了村中庙宇，计有佛殿三间、观音殿三间、地藏十王殿三间、三官殿三间、三清殿一间、三圣公主殿三间、牛王殿三间、土地殿三间、五道殿三间、两庑房三间、阁三间等。其中的佛寺就有佛殿、观音殿、地藏十王殿、五道殿。[2]

清乾隆年间，壶关县东王宅村整修村中庙宇，计有：

> 重修二仙庙：大殿三楹，角楼六楹，廊房六楹，戏楼三楹，旁楼四楹。这是村落主庙；
>
> 重修十字口佛殿三楹；
>
> 村北创建玉皇殿三楹；
>
> 东北河口建甃石圈一，上建关圣殿三楹；
>
> 西河口建甃石圈一，上建三官殿三楹。

该村不满百户。此工程自乾隆四十二年（1777）三月开始，竣于乾隆五十四年（1789）七月，其间遇丰岁则兴之，遇歉岁则停之。相机而动，不辞劳，不避嫌，费钱一千千文有余，工八千有余，是一场规模浩大的维修活动。[3]

涌泉村于1923年对全村庙宇进行了维修。当时该村庙宇共有隆教寺、兴国观、孔圣庙、毓龙山、圣母庙、关岳庙、吕祖阁、三官阁、菩萨庙、真武阁、文昌阁、土地祠、五道庙、焦龙庙共十四座，其中属佛教的有隆教寺、菩萨庙、五道庙，属道家的兴国观、圣母庙、吕祖阁、三官阁、真武阁、文昌阁、焦龙庙、土地庙，属于儒家的有孔圣庙、关岳庙，其他庙宇则难以判断其流派。由此可见，在村民眼中，佛寺与其他流派的庙宇并

---

① 《重修洪济院碑记》，清雍正七年（1729），现存武乡县东良村洪济院。

② 《重修合村诸神庙记》，清顺治四年（1647），现存长子县善村诸神庙。

③ 《东王宅兴修各庙宇汇记》，清乾隆五十四年（1789），现存壶关县东王宅村。

无本质上的不同，都起着护佑村落的作用。[①]

长治市上党区东和村在中华人民共和国成立前有二十四座庙，计有观音堂、天心庵、水母娘娘堂、二仙庙、关帝庙、刘备庙、财神庙、张飞庙、药王阁、老君庙、周仓庙、三教堂、鲁班庙、白衣阁、程家庙、家福堂、小北堂、千佛阁、慈云寺、祖师阁、炎帝观、九龙宫等，其中，属于佛教的就有天心庵、三教堂、白衣阁、千佛阁、慈云寺等。其中慈云寺规模最大。按碑文记载，该寺为明嘉靖年间所建。早先为一进两院建制，占地十亩。该寺庙门为四眼阁楼。阁楼顶上嵌有“东和镇”三字的石匾。同时，寺里还有戏台，回廊，阁楼。站在回廊上，可以俯视街景。从这个建筑风格来看，寺院已经和村落融为一体。

三是在寺院的管理上，有时也体现出三教合流。有趣的是，有时寺院的修整居然还要靠民间神的庇护。平顺县大云院的情况即是如此。该院在宋代维修时，主要还是靠僧人说法获得的布施收入，但到明成化时的维修，就已经有了村社的介入。明成化九年（1473），大云院已经破落不堪，昔日盛况不在。长老成满、僧会司诠决定向石灰社求助。他们此次求助的前期活动就是在当地另外一尊大神灵泽王像前祈祷。[②]

就具体情况而言，一种是道教教徒或具有其他信仰人士参与寺院修建与管理。明嘉靖年间，黎城县看村创建佛塔，除却家族捐款外，还有村内的阴阳先生捐钱五十文，洞阳观道士刘知威及徒递李敬俊捐银二钱。师徒二人还留下了一首诗：

恩仁立志最真坚，终始如二胜事圆。
未均李均求何处，必证菩提第一玄。[③]

这首诗将玄门道法与菩提等同起来，认为菩提之首就是第一玄法，反

① 《重修各庙碑记》，1923年，现存武乡县涌泉村。

② 《潞州黎城县漳源乡石灰社双峰山大云寺重修记》，明成化十三年（1477），现存平顺县实会村大云寺。

③ 《创建佛塔记》，明嘉靖三十三年（1554），现存黎城县看后村。

映了道门观念。

清顺治年间，长子县善村诸神庙的重修缘于道人建议。

清乾隆二十一年（1756），段村镇创建救苦殿时，除了庠生等带有明显儒学色彩的人士捐献佛像外，当时的住持居然是道人赵永庆。[①]

有一种是佛教参与到了其他宗派信仰场所的管理中去。平顺县九天圣庙的主神是道教神，但该庙在清代重修时就出现了重修禅堂的记录，说明当时庙中有僧人常住。[②]

佛教也与其他民间神信仰交织到了一起。1919 年，襄垣县垴上村重修周公神祠时，有一项工作是重修东西僧房三间。[③]

昭泽龙王是山西有名的地方大神，影响遍及沁、辽、泽、潞几州，其庙宇修建得到了民间佛教组织的支持。明崇祯二年（1629），襄垣县石峪村的大乘正教会的牛还等感叹道："从立庙，神护一方，家家净业，户永康宁，四季降风调雨顺，年年五谷丰登，万物皆润，无不应之。处世人知有恩不报，非君也。况受神恩，其境神圣一殿，先人未结，今人安何哉？"于是，他发动会众，联合村民重修了庙宇。[④]

黎城县阳和角村重修村内寺庙时，民国政府已经颁发禁令不许私自祀神，所以黎城县阳和角村的民众担心如果修庙会遭到限制："适届民国革政以来，首倡破除迷信，建庙祀神，尤在禁例。又恐工浩需要巨，村小力薄，不敢轻举。"最后，一位僧人的到来改变了这一情况。1933 年，僧人果得化缘途中路经此地，见庙塌神颓，如果再不修葺，那么祭祀典礼将自此断绝，民众也难以得到神祇的庇护。他与村中人商议，提议帮助村民募化资金修庙。当时正值酷暑，山路又极难走，但果得"不惜酷暑崎岖之苦"四处募化。几个月后，果得终于筹集到了足够的资金，在村民帮助下成功重修了寺院。这次重修规模较大，除修复主庙雷音寺弥勒佛庙之外，又修葺了菩萨、关帝、三教圣人、伽蓝、韦陀、监斋、孤魂、送子观音

① 《创建救苦殿小引碣》，清乾隆二十一年（1756），现存武乡县老干部活动中心。

② 《金妆九天圣母庙坐像金面圣母神髾并修理西南石岸石窟凉亭及补修地震坏正殿殿戏楼西厨禅堂库房碑》，清道光十年（1830），现存平顺县东河村九天圣母庙。

③ 《重修各庙碑记》，1919 年，现存襄垣县垴上村周公神祠。

④ 《重修记》，明崇祯四年（1631），现存襄垣县善福乡石裕村。

阁、土地祠、黄龙洞、井泉龙王各类阁、堂、庙以及廊庑数十间。①

此外，还有一些较为特殊的案例。武乡县有南神山，上有南山庙供山神灵润公。明嘉靖三十七年（1558），官府将蔂县西寺改迁于此地，改名佛神殿。由此，僧人成为南神山庙实际上的管理者。对这种混杂的态势，时人认为十分自然。负责撰写修建记录的是户部江西清吏司主事魏之干。他欣然提笔书写碑文，展现了儒佛相通的思想："神御灾捍患，功有于民，载在祀典，而佛家清净明见，与吾道若券，既轮回小乘之说，令人有皤然之想焉。其于世道未必无补，建宇以祀，孰曰不宜。"他希望通过重修活动使世人对佛寺生起敬仰之心，由此走上行善之途，共证菩提之果："人心有神而佛在灵山。"他认为只要虔诚信佛，常诵佛号，就会有神福佑，佛会以慈悲之心对待信徒，从而有助于世道改良。在名义上参加本次修建的有武乡县知事张柱石、儒学教谕赵宗翰、襄阳府推官程启南，米脂县知县武铖、府谷县知县魏鳌、典史柏申东，旧署儒学事高自持、项城县知县魏云中、大同府训导魏廉、儒官魏晋等官员，其中知县四名，教谕两名，儒官四名，显示出官方的行政及学术群体对佛教的认可。②

清雍正年间，武乡全县暴发大规模瘟疫，民众祷于五瘟庙，"疫旋止"，所以民众大规模扩建庙宇："广殿重堂，园门周廊，乐楼前拱，如蔽如翔，枚枚栗栗，濯濯渠渠，起瞻壮睹，望之岿如也。"这样一个供奉道家神灵的庙宇，在清乾隆年间改名为吉祥寺，以表明五瘟神能给人间带来吉祥的作用。民众秉持着这样一个逻辑，既然五瘟神主管瘟疫，那么他就既能兴疫，又能逐病：

> 帝居紫极，命星分职。四国有忧，疾疫其尤。爰进五神，曰惟尔诹。神承帝使，载驰载止。倒景始凌，神濯厥灵，不日以宁……系我蔡侯，嘉名是筹。吉祥表额，见者知否。维神之吉，承宣太乙。维神

① 《重修泰山中高峰洞庙碑记》，1934年，现存黎城县阳和角村中方洞庙。

② 《重修佛神殿记》，明万历三十四年（1606），现存武乡县南神山普济寺。

之祥，迅扫百殃。[1]

由庙变寺，看似是名称的改变，实质上则反映出该庙中当时已经有僧人经营。

第三节　长治浊漳河流域三教堂的时空分布

三教合一在建筑上的最典型代表就是三教堂。在许多村落中，三教堂是作为村落主庙存在的。三教堂的兴起无疑和三教合流思想有关，却更倾向于这一理论的民间及实践操作。

一　三教堂的由来

关于三教堂的起源，很难给出一个定论，但学术界通常都会将三教堂的起源与三教合一论联系起来。唐代宗大历六年（771），四川地方政府建三教道场，有《三教道场文》流传，提到的三教顺序为先佛、次道、次宣圣。而且提到“三教似皆有造像”[2]。这同现存绝大多数三教堂中佛祖居中、老子于左、孔子在右的排列次序是一致的。由于他们被认作三教圣人，民间对寺与庙的区分也并不在意，所以有时也叫“三圣寺”“三佛庙”等。目前所见最早的“三教堂”应该是唐贞元二年，官方于山西太原府阳曲县呼延村。[3]

佛寺中少见戏台戏楼，即使是村中的寺院也是如此，三教堂却是例外。民众认为，若获神佑必需酬神戏。“夫作乐以事神，自古有之。《易象》曰：‘乐以殷荐上帝。’《书》曰：‘八音克谐，无相夺伦，神人以和。’所以后世事神必以戏。”要上演戏曲就必须有戏台。平顺县留村有

① 《吉祥寺重修碑记》，清乾隆十四年，乾隆版《武乡县志》卷四《艺文上》，《中国地方志集成·山西府县志辑》（41），凤凰出版社、上海书店、巴蜀书社 2005 年版，第 102—103 页。

② 原少锋：《明清三教堂研究》，东北师范大学 2010 年硕士论文，第 7 页。

③ （清）觉罗石麟等监修，储大文等编纂：《山西通志》卷一百六十八《寺观》，《影印文渊阁四库全书》第 548 册，台湾商务印书馆 1983 年版，第 198 页。

三教堂，是该村每年祈谷报赛的地方，但是没有戏楼，于是社内合议，在清康熙年间建立起一座新的戏楼。①

平顺县遮峪村也是如此。三教庙早成为村落祭祀的主场。“尝思剥而复奉者，天气之运，废而复兴者，人事之常。吾村之北素有三教庙一所，扶主山之盛，振神坡之威，村之遐迩，受其庇荫久矣。此三教之庙神位颇全，岂非至诚劝物而有不可测者乎？至于春祈秋报，献戏陈诚，由来旧矣。”不过，由于戏楼破旧，村落在清乾隆四十一年（1776），清道光二十五年（1845）两次重修了戏楼。②三教庙不但是该村主庙，也是邻村恭则水的信仰圣地。因此，清至民国的维修一直由“二庄之纠首”负责。③

需要注意的是，三教合流只是一个大致的说法，并不能精确概括民间信仰的种类。实际情况是，民间信仰体系中既有三教合流，又有儒与佛合，道与佛合，民间神与佛合，儒、佛、道与其他民间信仰混融，形式多样，常超出三教之外。故而，将三教并立合流称之为诸教混融可能更加合适。本书称三教合流在更多意义上是沿袭了传统说法。

在中国民间信仰体系中，有不少的信仰已经不太好判断是哪一教派。长治浊漳河流域的迎神赛社有一套类似的流程。先要通知本村本社的土地和五道，他们分属道、佛，随后再让他们以主办方主神的名义去请本村及周边村落诸神。这样的一个神灵体系，基本都是各教派神祇的大融合。比如，1918 年，长子县民众举办迎神赛社，所请神灵就有三十三位，主神为唐尧，其余神祇有：

玉皇上帝尊神、伏羲皇帝尊神、神农炎帝尊神、轩辕黄帝尊神、有虞舜帝尊神、夏禹圣帝尊神、成汤圣帝尊神、昭烈皇帝尊神、唐文皇帝尊神、东岳天齐尊神、昭惠灵显尊神、西岳金天尊神、广德灵泽尊神、护国灵贶尊神、漳山总圣尊神、齐天广佑尊神、七佛祖师尊神、关圣帝君尊神、灵湫三圣尊神、会应五龙尊神、冲淑真人尊神、北方夜明尊神、冲惠真人尊神、西方白云尊神、蚕三圣姑尊神、今岁行雨尊神、本殿圣妃尊

① 《创建戏楼碑记》，清康熙四十一年（1702），现存平顺县乡留村三教庙。

② 《增修三教庙戏楼碑记》，清道光二十五年（1845），现存平顺县遮峪村。

③ 《补修三圣殿三圣金身序》，清光绪九年（1883），现存平顺县遮峪村。

神、风伯雨师尊神、广禅大王尊神、雷公电母尊神、本处土地尊神、五道将军尊神。

其中的七佛祖师、五道将军属于佛家，玉皇上帝、东岳天齐、西岳灵显、冲淑、冲惠、雷公电母属于道家，伏羲、神农、轩辕、舜帝、夏禹、成汤、唐文宗、关帝、陶唐、护国灵贶王等因同时也在多处享受国家祭祀，故大致可列入儒家之神。其余诸神则是难以清晰判断其来历。这在长治浊漳河流域乃至整个中国民间信仰体系中是常见的现象。另外，许多神祇就是本地民众成神，难以明确判断其具体属性。如神农、舜、陶唐（尧）、汤、护国灵贶王、冲淑真人、冲惠真人在得到官方正式认可前，已经是较有名望的地方大神了。再如精卫庙、昭泽王信仰均是如此。又如长治市潞城区贾村有秃奶奶，庙中供奉的是当地女巫。按庙内资料记载，秃奶奶本姓张，是贾村邻村崇道村人，常年为村民看病，在碧霞宫奉神，一九四四年去世。村民感其功德，为其建庙。如下图[①]：

二　三教堂的时空分布

目前所存三教堂多为明清时期，可能说明到此时，三教合流思想已为乡村社会普遍接受。就长治浊漳河流域而言，也存在这一现象。我们在下表中将长治浊漳河流域的三教堂列出，以供参考。

① 《张氏老奶奶生平》，现存长治市潞城区贾村秃奶奶庙。

序号	创建时间	创建者	重修时间	主导者及活动	现存地	田产归属	寺院归属	住持身份	存废情况
1	宋庆历二年（1042）	不详	明弘治七年（1494）	村民家族、致仕官员	武乡县长乐村	不详	不详	不详	现存
			明嘉靖二十九年（1550）	村民家族		不详	不详	不详	
			明崇祯年间（1628—1644）	村民、僧人		不详	不详	僧人	
			清顺治十六年（1659）—康熙五年（1666）	村民家族、僧人		不详	不详	僧人	
2	不详	不详	金（1115—1234）	不详	长子县义合村	不详	不详	不详	现存
			明（1368—1644）	不详		不详	不详	不详	
			清（1636—1912）	不详		不详	不详	不详	
3	不详	不详	明正德元年（1505）—三年（1508）	村民家族、村落	壶关县十里村	不详	不详	不详	现存
4	不详	不详	明嘉靖三十八年（1559）	社	壶关县南庄村	不详	社	未见	已废
5	明万历十年（1582）	村民	不详	不详	长治市潞州区梁家庄村	不详	不详	不详	现存
6	明万历十四年（1586）	村民	明万历四十五年（1617）	村民	黎城县麦仓村	不详	不详	未见	已废
7	不详	不详	明万历十八年（1590）	村民	武乡县显王村	不详	不详	未见	已废
8	不详	不详	明万历十八年（1590）	社	黎城县枣镇村	不详	社	未见	现存
			1915	社		不详	社	俗人	
9	明万历十九年（1591）	不详	清顺治年间（1644—1661）	不详	壶关县马鞍驼村	不详	不详	不详	已废
			清同治九年（1870）	社		不详	社	未见	

续表

序号	创建时间	创建者	重修时间	主导者及活动	现存地	田产归属	寺院归属	住持身份	存废情况
10	明万历十九年（1591）		清道光七年（1827）	社	壶关县崔家庄村	不详	社	不详	已废
			清咸丰三年（1853）	社		不详	社	不详	
			清光绪十九年（1893）	社		不详	不详	不详	
11	不详	不详	明万历二十六年（1598）	对联	长子县吕村	不详	不详	不详	已废
12	明万历四十六年（1618）	僧人	不详	不详	黎城县王家庄	不详	不详	僧人	现存
13	明万历年间（1573—1620）	不详	明崇祯十六年（1643）	会	长治市潞城区周武	不详	不详	未见	现存
14	明万历年间（1573—1620）	不详	清道光二十六年（1846）—同治十三年（1874）	村	襄垣县西回辕村	不详	村落	不详	现存
15	明崇祯三年（1630）	村民家族	不详	不详	黎城县黄须村	不详	不详	未见	现存
16	不详	不详	明崇祯五年（1632）	村民家族	襄垣县兴民村	不详	不详	不详	现存
17	不详	不详	明崇祯十五年（1642）	村民施地	壶关县上庄村	寺院	不详	僧人	已废
18	不详	不详	清顺治八年（1651）	村民	长治市潞城区曹沟村	不详	村落	不详	现存
			清康熙四年（1665）	不详		不详	村落	不详	
			清乾隆十七年（1752）	村落		寺院	村落	不详	
			1926	不详		不详	村落	不详	

续表

序号	创建时间	创建者	重修时间	主导者及活动	现存地	田产归属	寺院归属	住持身份	存废情况
19	清顺治年间（1644—1661）	不详	清康熙二十五年（1686）	村落	壶关县朝阳村	不详	村落	僧人	已废
			清道光二十七年（1847）	村落		不详	村落	未见	
			1913	社	壶关县朝阳村	不详	社	未见	
20	不详	不详	清康熙四年（1665）	道人、村落	长治市潞城区洪岭村	不详	村落	道人	现存
			清康熙五十二年（1713）	村落		不详	村落	未见	
21	清康熙七年（1668）	村民	清康熙四十三年（1704）	村民家族	襄垣县迴辕店（1928）	不详	不详	不详	已废
22	不详	不详	清康熙四十一年（1702）	社	平顺县留村	不详	社	未见	现存
23	不详	不详	清康熙四十五年（1706）	社	平顺县遮峪村	不详	社	僧人	
			清嘉庆二十年（1815）	僧人、社		不详	村	僧人	已废
			清道光二十五年（1845）	村民、社		不详	社	未见	
			清同治三年（1864）	僧人、社		不详	社	僧人	
			清光绪九年（1883）	僧人、社		不详	社	僧人	
			1933	社		不详	社	不详	
24	不详	不详	清康熙五十五年（1716）	不详	长治市潞城区上栗村	不详	不详	不详	现存
			清乾隆五十五年（1750）	不详		不详	不详	不详	
			清嘉庆二十三年（1818）	不详		不详	不详	不详	
25	不详	不详	清乾隆元年（1736）	村民	襄垣县南娥村	不详	不详	不详	现存

续表

序号	创建时间	创建者	重修时间	主导者及活动	现存地	田产归属	寺院归属	住持身份	存废情况
26	不详	不详	清乾隆十八年（1753）	不详	平顺县东禅村	不详	社	未见	现存
27	不详	不详	清乾隆二十年（1755）	村落	襄垣县仓上村	不详	村落	未见	现存
28	不详	不详	清乾隆二十二年（1757）	僧人	长治市潞城区冯村	不详	不详	僧人	现存
			清乾隆五十三年（1788）	社		不详	社	未见	
			清嘉庆二十四年（1819）	社		不详	社	未见	
			清道光七年（1827）	社		不详	社	未见	
29	乾隆三十二年（1767）	社	清光绪十七年（1891）	社内摊派以充祭祀	长治市潞城区石窟村	不详	社	道士	现存
30	不详	不详	清乾隆三十七年（1772）	社	长治市上党东庄村	不详	社	未见	现存
31	不详	不详	清乾隆三十八年（1773）	两村合作	壶关县上好牢村	无	村落	僧人	已废
			1941	村落		不详	村落	未见	
32	不详	不详	清乾隆三十八年（1773）	村民施地入庙	襄垣县南峰村	社	社	未见	现存
33	不详	不详	清嘉庆五年（1800）	社	长治市上党区西岭村	不详	社	未见	已废
34	不详	不详	清嘉庆九年（1804）	社	长治市潞城区峪北村	不详	社	不详	现存
35	不详		清嘉庆二十四年（1819）	村落	武乡县苏峪村	不详	村落	不详	已废
36	不详	不详	清道光三年（1823）	社	长子县陶唐村	不详	社	不详	现存
37	不详	不详	清道光三年（1823）	社	长子县义合村	社	社	未见	现存

续表

序号	创建时间	创建者	重修时间	主导者及活动	现存地	田产归属	寺院归属	住持身份	存废情况
38	不详	不详	清道光六年（1826）	村落	壶关县上河村	不详	村落	不详	已废
39	不详	不详	清道光九年（1829）	社	壶关县芳岱村	不详	社	未见	现存
40	不详	不详	清咸丰年间（1851—1861）	社	长治市上党区南岭头村	不详	社	未见	现存
41	清同治元年（1862）	施主	清光绪二十二年（1896）	建造者后人	黎城县性空山	寺院	不详	不详	现存
42	清光绪元年（1875）	不详	清光绪二十九年（1903）	社	壶关县盘底村	不详	社	不详	现存
43	不详	不详	清光绪十二年（1886）	村落	长治市潞城区成家川村	不详	村落	不详	现存
44	不详	不详	清宣统三年（1911）	住持、村落	平顺县椰树园村	不详	村落	俗人	现存
45	不详	不详	清宣统三年（1911）	社	长治市潞城区东贾村	不详	社	未见	现存
46	不详	不详	清代	不详	长治市潞城区漫流岭村	不详	不详	不详	现存
47	不详	不详	清代	不详	长治市潞城区宋村	不详	不详	不详	现存
48	不详	不详	清代	不详	长治市潞城区木瓜村	不详	不详	不详	现存
49	不详	不详	清代	不详	长治市潞城区申庄村	不详	不详	不详	现存
50	不详	不详	清代	不详	长治市潞城区潦河头村	不详	不详	不详	现存

续表

序号	创建时间	创建者	重修时间	主导者及活动	现存地	田产归属	寺院归属	住持身份	存废情况
51	不详	不详	清代	不详	长治市潞城区任和村	不详	不详	不详	现存
52	不详	不详	清代	不详	长治市潞城区峪北村	不详	不详	不详	现存
53	不详	不详	清代	不详	长治市潞城区木瓜村	不详	不详	不详	已废
54	不详	不详	清代	不详	襄垣县申家岭村	不详	不详	不详	现存
55	不详	不详	清代	不详	襄垣县冯村	不详	不详	不详	现存
56	不详	不详	清代	不详	襄垣县霍村	不详	不详	不详	现存
57	不详	不详	清代	不详	襄垣县任家岭村	不详	不详	不详	现存
58	不详	不详	清代	不详	长治市屯留区东司徒村	不详	不详	不详	现存
59	不详	不详	清代	村落	长治市上党区掌后村	不详	不详	不详	现存
60	不详	不详	清代	村落	长治市上党区李家岭村	不详	不详	不详	现存
61	不详	不详	清代	村落	长治市上党区曹家沟村	不详	不详	不详	现存
62	不详	不详	清代	不详	长治市上党区太义掌村	不详	不详	不详	现存
63	不详	不详	清代	不详	长治市上党区梁家庄村	不详	不详	不详	现存
64	不详	不详	清代	不详	长治市上党区西源村	不详	不详	不详	现存

续表

序号	创建时间	创建者	重修时间	主导者及活动	现存地	田产归属	寺院归属	住持身份	存废情况
65	不详	不详	清代	不详	长治市上党区峰北底村	不详	不详	不详	现存
66	不详	不详	清代	村落	沁县辉坡村	不详	村落	不详	现存
67	不详	不详	清代	不详	平顺县和峪村	不详	不详	不详	现存
68	不详	不详	清代	不详	长子县团城村	不详	不详	不详	现存
69	不详	不详	清代	不详	长子县万村	不详	不详	不详	现存
70	不详	不详	清代	不详	长子县肖家庄村	不详	不详	不详	现存
71	不详	不详	清代	不详	长子县南郭村	不详	不详	不详	现存
72	不详	不详	清代	不详	长子县柳叶沟村	不详	不详	不详	现存
73	不详	不详	清代	不详	长子县陈家庄村	不详	不详	不详	现存
74	不详	不详	清代	不详	长治市屯留区西贾乡村	不详	不详	不详	现存
75	不详	不详	清代	不详	长治市潞州区小河堡村	不详	不详	不详	现存
76	不详	不详	清代	不详	长治市潞州区王公庄村	不详	不详	不详	现存
77	不详	不详	清代	不详	长治市潞州区坡底村	不详	不详	不详	现存
78	不详	不详	清代	村落	黎城县枣畔村	不详	村落	不详	现存
79	不详	不详	清代	不详	黎城县石板村	不详	不详	不详	现存

续表

序号	创建时间	创建者	重修时间	主导者及活动	现存地	田产归属	寺院归属	住持身份	存废情况
80	不详	不详	1924	社	壶关县陵水村	不详	社	未见	已废
81	不详	不详	1924	社	平顺县实会村	不详	社	未见	已废
82	不详	不详	1925	社	壶关县石盆村	不详	社	俗人	已废
83	不详	不详	1928	仍存	襄垣县县城	不详	不详	不详	已废
84	不详	不详	1928	仍存	襄垣县九连山	不详	不详	不详	已废
85	不详	不详	1933	不详	黎城县平头村	不详	不详	不详	现存
86	不详	不详	1935	村落	壶关县三郊口	不详	村落	未见	已废
87	不详	不详	1935	村落	长治市潞城区河西村	不详	村落	未见	现存
			1945	村落		不详	村落	未见	现存
88	不详	不详	民国（1912—1949）	不详	襄垣县南邯村	不详	不详	不详	现存
89	中华人民共和国成立前	不详	不详	不详	长治市潞城区潞华办事处北街社区	不详	不详	不详	现存

说明：

一　名称

名称有变化的寺院，直接列入。

二　主导者及活动

1. 村民指以个人名义而非以村落整体名义的个体。
2. 如修建者无法判定是否全部为村民或成分复杂时，标为施主。
3. 即使只录入一方主导者，也基本会有其他力量协助修建寺院。

4. 虽有社与村落的分别，但社也是村落组织。

5. 标有“仍存”字样的指最后一次明确存在的时间，修建主导者身份不详。

6. 若单纯修建，只标出主导者身份，若有其他活动则另行标出。

三　时间安排

按初建、重修时间顺序安排。

四　现存地

1. 尽量标注现在的地点。

2. 个别由于行政区划变动无法标出的则用最后一次存在、修建时的地点。

五　田产、寺院归属

归属指所有权归属。

六　住持身份

1. 不确定是否为僧人者，写不详。

2. 材料较明确表明当时无僧人时，写未见。

3. 住持为其他身份时标明。

七　主要资料来源

1. 各时期地方志、碑刻资料集。

2. 实地调查。

3. 官方、个人网站相关资料。

附录　长治浊漳河流域佛寺统计表（东汉—中华民国）

（阅读原则同三教堂表）

序号	名称	创建时间	创建者	重修时间	主导者及活动	所在地	田产归属	寺院归属	住持身份	存废情况
1	弘教寺、洪教院	东汉永平十年（67）	不详	北魏永平元年（508）	僧人、施主造像	沁县仁胜村	不详	不详	不详	现存
				金大定九年（1169）	官方敕赐“洪教之院”		不详	不详	不详	
2	延福寺	东汉永平十年（67）	不详	宋嘉祐七年（1062）	官方敕赐	长治市上党区西原村	不详	不详	不详	已废
				清光绪二十年（1894）	仍存					
3	宝峰寺	一说东汉（25—220），一说后周	不详	宋元丰七年（1084）	僧人立塔	襄垣县紫岩山	不详	不详	僧人	现存
				宋政和元年（1111）	题诗		不详	不详	不详	
				金正隆元年（1156）	僧人立塔		不详	不详	僧人	
				金大定五年（1165）	僧人		不详	不详	僧人	

续表

序号	名称	创建时间	创建者	重修时间	主导者及活动	所在地	田产归属	寺院归属	住持身份	存废情况
3	宝峰寺	一说东汉（25—220），一说后周	不详	金大定十八年（1178）	僧人立塔		不详	不详	僧人	
				明永乐十四年（1416）	官员家族、山主、僧人		不详	不详	僧人	
				明弘治十七年（1504）—明正德五年（1510）	僧人		不详	不详	僧人	
				明万历三十九年（1611）	僧人		不详	不详	僧人	
				清嘉庆十六年（1811）	僧人、施主		不详	不详	僧人	
4	离谷寺、离相寺	一说东汉，一说北魏青龙二年（234）	官方	晋永嘉四年后间（310）	佛图澄曾由南山来此说法	武乡县小西岭村	不详	不详	僧人	现存
				刘宋永初年间（422—423）时	法显坐化碑		不详	不详	僧人	
				后周广顺三年（954）	官方敕赐离谷寺		不详	不详	僧人	
				宋太平兴国二年（977）	僧人、施主、山主、名流立《释迦功德碑》		不详	不详	僧人	
				元至元六年（1269）	僧人		不详	不详	僧人	
				元延祐五年（1318）	僧人、施主高僧立塔铭		不详	不详	僧人	
				元至正十九年（1359）	僧人为高僧立塔铭		不详	不详	僧人	
				明洪武十年（1377）	僧人		不详	不详	僧人	
				明弘治七年（1494）—十一年（1498）	僧人		不详	不详	僧人	

续表

序号	名称	创建时间	创建者	重修时间	主导者及活动	所在地	田产归属	寺院归属	住持身份	存废情况
4	离谷寺、离相寺	一说东汉，一说北魏青龙二年（234）	官方	明嘉靖十六年（1537）	僧人		不详	不详	僧人	
				明嘉靖三十六年（1557）	僧人		不详	不详	僧人	
				明万历二十六年（1598）	施主、僧人		不详	不详	僧人	
				清康熙三年（1664）—八年（1669）	不详		不详	不详	僧人	
				清康熙二十八年（1686）—三十年（1688）	僧人		不详	不详	僧人	
				清嘉庆十二年（1807）	僧人、官方、纠首共订寺规：寺田不可买卖		寺院	不详	僧人	
5	西寺	不详	不详	后赵石勒（274—333）	不详	武乡县故县村	不详	不详	不详	已废
6	茅蓬寺	不详	不详	晋永嘉四年（310）	佛图澄设道场说法	武乡县南山	不详	不详	僧人	已废
				北魏正光二年（521）	施主造像		不详	不详	僧人	
				唐调露元年（679）	僧人、施主		不详	不详	僧人	
7	大圣寺	东晋太和年间（366—371）	不详	元至正年间（1341—1368）	不详	黎城县南陌村	不详	不详	不详	现存
				明正统年间（1436—1449）	不详		不详	不详	不详	
				明景泰年间（1450—1457）	不详		不详	不详	不详	
				明弘治元年（1487）—二年（1489）	僧人		不详	不详	僧人	

续表

序号	名称	创建时间	创建者	重修时间	主导者及活动	所在地	田产归属	寺院归属	住持身份	存废情况
7	大圣寺	东晋太和年间（366—371）	不详	明正德七年（1512）	僧人		不详	不详	僧人	
				明隆庆元年（1567）—五年（1571）	僧人		不详	不详	僧人	
				明万历二十四年（1596）	僧人		不详	不详	僧人	
				明万历四十二年（1614）	僧人		不详	不详	僧人	
				清乾隆六年（1741）	僧人、村落		不详	不详	僧人	
8	五龙山寺、五龙庙	西燕（384—394）	不详	唐贞观年间（627—649）	施主	长治市上党区五龙山	不详	不详	不详	
				元至正二年（1342）	官方		不详	不详	不详	
				明景泰六年（1455）	官方祷雨灵验		不详	不详	不详	
				明天顺年间（1457—1464）	官方祈雨		不详	不详	不详	
				明弘治三年（1490）—七年（1494）	官方发动民间力量修庙		不详	不详	不详	
				清乾隆四十九年（1784）	社、僧人		不详	不详	僧人	
9	广德寺、法兴寺	后凉神鼎元年（401）	官方	唐咸亨四年（673）	官方	长子县庄头村慈林山	不详	不详	僧人	现存
				唐上元元年（674）	官方敕赐		不详	不详	僧人	
				唐大历八年（773）	施主家族造燃灯塔		不详	不详	僧人	
				宋咸平二年（999）	僧人		不详	不详	僧人	
				宋元丰四年（1081）	僧人、施主		不详	不详	僧人	

续表

序号	名称	创建时间	创建者	重修时间	主导者及活动	所在地	田产归属	寺院归属	住持身份	存废情况
9	广德寺、法兴寺	后凉神鼎元年（401）	官方	宋大观元年（1107）	施主		不详	不详	僧人	
				宋政和元年（1111）	施主		不详	不详	僧人	
				元至元十年（1273）	不详		不详	不详	僧人	
				明成化三年（1467）—四年（1468）	官员		不详	不详	僧人	
				明嘉靖十年（1531）	僧人		不详	不详	僧人	
				清乾隆六十年（1795）—嘉庆十三年（1808）	僧人		不详	不详	僧人	
				1916	施主		不详	不详	僧人	
10	普照寺	北魏太和十二年（488）	不详	不详	不详	沁县开村	不详	不详	不详	毁于1937—1945抗日战争中
11	大云院	北魏太和年间（447—499）	不详	金大定十二年（1180）	僧人申主有，官方敕赐“大云禅院”	沁县郭村	不详	不详	僧人	现存
12	华严禅院、宝云寺	魏永平二年（509）	不详	宋天祐十四年（917）	官员、施主	长治市上党区内王村	不详	不详	不详	已废
				宋太平兴国年间（976—984）	僧人申请，官方敕赐		不详	不详	不详	
				金皇统四年（1144）	不详		不详	不详	僧人	
				清光绪二十年（1894）	仍存		不详	不详	不详	

续表

序号	名称	创建时间	创建者	重修时间	主导者及活动	所在地	田产归属	寺院归属	住持身份	存废情况
13	广慈寺	北魏（386—534）	不详	宋太平兴国年间（976—984）	官方敕赐	壶关县城南三十乌泉山	不详	不详	不详	已废
				清乾隆二十七年（1762）	僧人		不详	不详	不详	
				清光绪十八年（1892）	仍存		不详	不详	不详	
14	兴福寺	北魏（386—534）	不详	蒙古、元（1206—1368）	不详	襄垣县南峰村	不详	不详	不详	现存
				清康熙二年（1663）	官员、僧人合作		不详	不详	僧人	
15	惠日院、龙门寺	北齐文宣帝天保八年（550）	不详	后唐同光三年（925）	不详	平顺县源头村	不详	不详	不详	现存
				后唐长兴元年（930）	僧人		不详	不详	僧人	
				后汉乾祐三年（948）	施主		不详	不详	僧人	
				宋建隆三年（962）	官方敕赐		不详	不详	僧人	
				宋绍圣五年（1098）	村民家族		不详	不详	僧人	
				宋政和二年（1112）	施主为高僧写塔铭		不详	不详	僧人	
				元至正十八年（1358）	立碑记田产入寺院		寺院	不详	僧人	
				明成化十五年（1479）	僧人		不详	不详	僧人	
				明弘治五年（1492）—十七年（1504）	僧人		寺院	不详	僧人	
				明弘治十一年（1498）—十七年（1504）	僧人		不详	不详	僧人	
				明嘉靖三十九年（1560）	僧人		不详	不详	僧人	

续表

序号	名称	创建时间	创建者	重修时间	主导者及活动	所在地	田产归属	寺院归属	住持身份	存废情况
15	惠日院、龙门寺	北齐文宣帝天保八年（550）	不详	明万历元年（1573）	军队、家属		不详	不详	僧人	
				明隆庆二年（1568）—万历六年（1578）	僧人、施主		不详	不详	僧人	
				明万历五年（1577）—万历二十年（1592）	村民		不详	不详	不详	
				清顺治八年（1651）	僧人		不详	不详	僧人	
				清顺治十年（1653）	僧人		不详	不详	僧人	
				清康熙十七年（1678）	僧人		不详	不详	僧人	
				清嘉庆九年（1804）	僧人重定禁约		社	社	僧人	
				清嘉庆二十年（1815）	僧人、山主		不详	不详	僧人	
				咸丰六年（1856）—七年（1857）	僧人、山主		不详	不详	僧人	
				清光绪七年（1881）—八年（1882）	僧人、山主		不详	不详	僧人	
16	木佛庙	北齐河清三年（564）	村	明天顺六年（1462）	不详	长治市	不详	不详	不详	已废
17	岩净寺、大云寺	不详	不详	北齐河清四年（565）	施主造像	武乡县故城村	不详	不详	僧人	现存
				宋治平元年（1064）	官方敕赐改名“大云寺”		不详	不详	僧人	
				清道光元年（1821）	社		社	社	僧人	

续表

序号	名称	创建时间	创建者	重修时间	主导者及活动	所在地	田产归属	寺院归属	住持身份	存废情况
18	千佛寺	不详	不详	北齐天统五年（569）	不详	长子县大南石村	不详	不详	不详	现存
19	永寿寺	北齐武平元年（570）	僧人	明弘治五年（1492）	施主	武乡县贾封村（1928）	不详	不详	不详	已废
20	百谷寺、滴谷寺	北齐武平四年（573）	不详	明万历年间（1573—1620）	官员	长治市百谷山	不详	不详	不详	现存
21	天龙寺、寿圣寺	北齐武平四年（573）	不详	隋开皇十一年（591）	不详	襄垣县	不详	不详	僧人	已废
22	宝岩寺、金灯寺	北周（557—581）	不详	万历元年（1573）	社	平顺县背泉村	不详	不详	僧人	现存
				明万历二十年（1592）	施主		不详	不详	僧人	
				清顺治五年（1648）	僧人		不详	不详	僧人	
				清顺治八年（1651）	僧人		不详	不详	僧人	
				清顺治九年（1652）—十年（1653）	僧人		不详	不详	僧人	
				清道光二十五年（1845）	社		不详	不详	僧人	
				清道光二十六年（1846）	僧人、施主		不详	不详	僧人	
				1923	社		不详	不详	未见	
23	开元寺	北周（557—581）	不详	清光绪二十年（1894）	仍存	长治市上党区	不详	不详	不详	已废

续表

序号	名称	创建时间	创建者	重修时间	主导者及活动	所在地	田产归属	寺院归属	住持身份	存废情况
24	梁侯寺	不详	不详	北朝	僧人	武乡县北良村	不详	不详	僧人	已废
25	宝泰寺、庆安寺	隋开皇五年（585）	家族建造，官方敕赐	宋太平兴国三年（978）	官方敕赐改名	黎城县县城	不详	不详	僧人	已废
				宋至和二年（1055）	僧人		不详	不详	僧人	
26	梵境寺	隋开皇年间（589—600）		唐仪凤三年（678）	官员	长治市上党区城内	不详	不详	不详	已废
				清光绪二十年（1894）	仍存		不详	不详	不详	
27	法住寺	隋开皇年间（589—600）	不详	明嘉靖年间（1522—1566）	官员	长治市上党区城西门外	不详	不详	不详	已废
				光绪二十年（1894）	仍存		不详	不详	不详	
28	宝雨寺	隋开皇年间（589—600）	官员	清乾隆二十八年（1763）	已废	长治市潞州区城西南	不详	不详	不详	已废
29	西岩寺	隋开皇年间（589—600）	不详	清光绪二十年（1894）	仍存	长治市上党区桑梓村	不详	不详	不详	已废
30	白岩寺	唐武德二年（619）	不详	不详	不详	黎城县元村	不详	不详	不详	现存
31	石佛寺	唐贞观二年（628）	不详	清乾隆三十五年（1770）	仍存	长治市屯留区余吾镇	不详	不详	不详	已废
32	广泉寺	唐贞观二年（628）	不详	不详	不详	长治市屯留区寺底村	不详	不详	不详	现存

续表

序号	名称	创建时间	创建者	重修时间	主导者及活动	所在地	田产归属	寺院归属	住持身份	存废情况
33	昭觉寺	唐贞观三年（629）	官修	后唐天成元年（926）	不详	长治市上党区县城内	不详	官方	僧人	已废
				元至正二年（1342）	不详		不详	不详	不详	
				明万历年间（1573—1620）	不详		不详	不详	不详	
				1949	仍存		不详	不详	不详	
34	永福寺	唐贞观三年（629）	不详	宋太平兴国三年（978）	官方敕赐	长治市屯留区县城北	不详	不详	不详	已废
				明洪武六年（1373）	不详		不详	不详	不详	
				清光绪十八年（1892）	不详		不详	不详	不详	
35	清凉寺、历泉寺	唐贞观年间（627—649）	僧人	1940	仍存	平顺县羊井底村清凉山	不详	不详	不详	已废
36	天王寺	唐永徽年间（650—655）	官修	宋（960—1279）	不详	长子县城东南	不详	不详	不详	现存
				金（1115—1234）	不详		不详	不详	不详	
				元（1271—1368）	不详		不详	不详	不详	
				明洪武年间（1368—1398）	置僧会司		不详	不详	不详	
				明天顺三年（1459）	不详		不详	不详	不详	
				明万历三十五年（1607）	不详		不详	不详	不详	
				清康熙三十二年（1693）	不详		不详	不详	不详	
				清雍正二年（1721）	不详		不详	不详	不详	
				清乾隆四十三年（1778）	不详		不详	不详	不详	

续表

序号	名称	创建时间	创建者	重修时间	主导者及活动	所在地	田产归属	寺院归属	住持身份	存废情况
37	法慧寺	唐显庆五年（660）	不详	明成化八年（1472）	不详	长子县周村	不详	不详	不详	已废
				清光绪十八年（1892）	仍存		不详	不详	不详	
38	家佛堂	唐光宅元年（684）	不详	金承安四年（1199）	村民家族	武乡县东村	不详	家族	不详	已废
39	彰法寺	唐景云元年（710）	不详	唐睿宗时（662—716）	不详	平顺县中五井村	不详	不详	不详	已废
				南唐交泰二年（959）	施主立经幢		不详	不详	不详	
				金（1115—1234）	不详		不详	不详	不详	
				明（1368—1644）	不详		不详	不详	不详	
				清嘉庆二十年（1815）—道光三年（1823）	僧人、社		不详	不详	不详	
				清道光二十五年（1845）—道光二十九年（1849）	僧人、社		不详	不详	不详	
40	法会寺	唐先天二年（713）	不详	宋太平兴国三年（978）	官方敕赐	黎城县百峪村	不详	不详	不详	已废
				金明昌年间（1190—1196）	增名灵禅		不详	不详	不详	
				元延祐三年（1088）	不详		不详	不详	不详	
				明洪武年间（1368—1398）	合并水陆寺、广福寺、显庆寺		不详	不详	不详	
				明嘉靖十年（1531）	不详		不详	不详	不详	

续表

序号	名称	创建时间	创建者	重修时间	主导者及活动	所在地	田产归属	寺院归属	住持身份	存废情况
41	淳化寺	唐开元年间（713—741）	不详	不详	不详	平顺县阳高村	不详	不详	不详	现存
42	原起寺	唐天宝六年（747）	不详	宋元祐二年（1087）	不详	长治市潞城区安村	不详	不详	未见	现存
				清康熙五十八年（1719）	村落		不详	村落	未见	
				清嘉庆三年（1798）	村落		不详	村落	俗人	
43	延唐寺	不详	不详	唐玄宗（712—756）	官方	长治市上党区城	不详	不详	不详	已废
				清光绪二十年（1894）	仍存		不详	不详	不详	
44	龙泉寺	唐大历九年（774）	不详	明成化二十三年（1487）	不详	长子县交里村	不详	不详	不详	已废
				明崇祯五年（1632）	不详		不详	不详	不详	
				清顺治十四年（1657）	不详		不详	不详	不详	
				清嘉庆八年（1803）—清嘉庆十七年（1812）	不详		不详	不详	不详	
				清光绪十八年（1892）	仍存		不详	不详	不详	
45	仙师寺	唐太和五年间（831）	不详	不详	不详	长子县王史村	不详	不详	不详	现存
46	太觉寺、大觉寺	唐太和年间（827—836）	不详	宋治平元年（1064）	官方敕赐	长子县西寺头村	不详	不详	不详	现存

续表

序号	名称	创建时间	创建者	重修时间	主导者及活动	所在地	田产归属	寺院归属	住持身份	存废情况
47	正觉寺	唐太和年间（827—836）	不详	明天启三年（1623）	里、社、僧	长治市上党区看寺村	社	社	不详	现存
48	寿圣寺	唐中和四年（884）	不详	明弘治七年（1494）—八年（1495）	僧人	长子县南陈村	不详	不详	僧人	现存
				清顺治四年（1647）	僧人		寺院	不详	不详	
49	功德院、天王殿	唐天祐二年（905）	施主、僧人	清顺治二年（1645）	村民	黎城县西社村	不详	不详	未见	已废
50	圆寂寺	唐天祐七年（910）	僧人	宋太平兴国元年（976）	官方敕赐	平顺县县东南葛井山下	不详	不详	不详	光绪十八年（1892）时已废
51	滴谷寺、崇云寺、九莲寺	不详	不详	唐（618—907）	不详	壶关县洪底村	不详	不详	不详	现存
				明弘治十七年（1504）	僧人与施主为高僧建塔		不详	不详	僧人	
				明正德三年（1508）	僧人		不详	不详	僧人	
				明嘉靖年间（1522—1566）	文人题诗		不详	不详	不详	
				明万历十年（1582）	文人题诗		不详	不详	不详	
				明万历十五年（1587）	僧人		不详	不详	僧人	

续表

序号	名称	创建时间	创建者	重修时间	主导者及活动	所在地	田产归属	寺院归属	住持身份	存废情况
52	百法院	不详	不详	唐（618—907）	不详	施主	襄垣县南里信村	不详	不详	已废
53	天台庵	不详	不详	唐（618—907）	有碑刻	平顺县王曲村	不详	不详	不详	现存
54	松池院	不详	不详	唐（618—907）	不详	黎城县	不详	不详	不详	已废
55	延庆院	不详	不详	唐（618—907）	不详	长治市	不详	不详	不详	已废
56	妙轮院、妙轮寺	唐（618—907）	不详	元至顺三年（1332）	僧人立碑记田产纠纷	平顺县寺头村	寺院	不详	僧人	现存舍利塔
57	洪济寺	唐（618—907）	不详	不详	不详	仁胜村	不详	不详	不详	现存
58	永庆寺、大悲寺	隋唐（581—907）	不详	明万历三十六年（1608）	沈王赐“永庆禅院”	沁县二郎山森林公园北部	不详	不详	僧人	1949年前已毁于战火
59	寿圣寺	后唐同光三年（925）	不详	明嘉靖十八年（1539）	僧人	襄垣县城东南立义坊	不详	不详	不详	已废
				1928	仍存		不详	不详	不详	
60	妙胜寺	后唐天成（926—929）	官员	清光绪二十年（1894）	仍存	长治市上党区城内东北	不详	不详	不详	已废
61	大泉庵	后唐长兴元年（930）		明嘉靖四年（1525）	不详	长治市上党区雄山	不详	不详	不详	已废
				清光绪二十年（1894）	仍存		不详	不详	不详	

续表

序号	名称	创建时间	创建者	重修时间	主导者及活动	所在地	田产归属	寺院归属	住持身份	存废情况
62	大安寺、太安寺	后唐长兴二年（931）	不详	清光绪二十年（1894）	不详	长治市上党区师庄村	不详	不详	不详	已废
63	海会院、海会寺	不详	不详	后唐长兴三年（932）	僧人申请，官方敕赐；僧人为高僧立塔	平顺县虹霓村	寺院	不详	不详	现存塔
64	长兴寺	后唐长兴四年（933）	不详	宋开宝年间（968—975）	不详	长治市上党区县城东南	不详	不详	不详	已废
				清光绪二十年（1894）	仍存		不详	不详	不详	
65	永福寺	后晋天福初年（936）	不详	明洪武年间（1368—1398）	不详	潞城县东崇智坊	不详	不详	不详	已废
				清光绪十八年（1892）						
66	安乐寺、回光寺	后晋天福三年（938）	不详	宋（960—1279）	不详	长子县下霍村	不详	不详	不详	现存
67	寿圣寺	后晋天福七年（942）	不详	清光绪十年（1884）	仍存	潞城县东王村	不详	不详	不详	已废
68	广福院	后晋天福年间（937—943）	官员施主	金大定三年（1163）	僧人申请，官方敕赐	武乡县会同村	不详	不详	僧人	现存
69	文殊院（胜果院）	不详	不详	后周（951—960）	不详	壶关县	不详	不详	不详	已废
70	佛教庙、佛头寺	不详	不详	五代（907—960）	不详	平顺县车当村	不详	不详	不详	现存
				宋（960—1279）	不详		不详	不详	不详	
				蒙古、元（1206—1368）	不详		不详	不详	不详	

续表

序号	名称	创建时间	创建者	重修时间	主导者及活动	所在地	田产归属	寺院归属	住持身份	存废情况
70	佛教庙、佛头寺	不详	不详	明（1368—1644）	不详		不详	不详	不详	
				1912—1914	社		不详	社	不详	
71	碧云寺	不详	不详	五代（907—960）	不详	长子县小张村	不详	不详	不详	现存
72	大云禅院、大云寺	宋建隆元年（960）	不详	宋太平兴国八年（983）	官方敕赐为“大云禅院”	平顺县实会村（1940）	不详	不详	僧人	现存
				宋咸平二年（999）	施主		不详	不详	僧人	
				宋天禧四年（1020）	官方敕赐		不详	不详	僧人	
				宋绍圣五年（1098）	村民家族		不详	不详	僧人	
				明成化九年（1473）—十二年（1477）	僧人		寺院	不详	僧人	
				明弘治四年（1491）	社、僧人		不详	不详	僧人	
				清康熙三十三年（1694）—三十七年（1698）	村民		不详	不详	僧人	
				清道光二十年（1840）	社		不详	社	未见	
73	先师堂、灵空寿圣院、承天寺、能仁寺	宋建隆二年（961）	不详	宋端拱二年（989）	官方敕赐	长子县西门外	不详	不详	僧人	已废
				明洪武十五年（1382）	置僧会司		不详	不详	僧人	
				清光绪十八年（1892）			不详	不详	不详	

续表

序号	名称	创建时间	创建者	重修时间	主导者及活动	所在地	田产归属	寺院归属	住持身份	存废情况
74	崇教寺	不详	不详	宋太平兴国三年（978）	官方敕赐	长治市潞州区故驿村	不详	不详	不详	现存
				明嘉靖二十九年（1551）			不详	不详	不详	
				清康熙三十九年（1700）			不详	不详	不详	
				清乾隆三年（1739）			不详	不详	不详	
75	洪福院、洪福寺	宋太平兴国五年（980）	不详	金大定四年（1161）	僧人申请，官方敕赐	长治市上党区李坊村	不详	不详	僧人	现存
				清乾隆十七年（1752）	僧人、村民		不详	不详	僧人	
76	慈云院	宋太平兴国七年（982）	僧人申请，官方敕赐	宋元祐五年（1090）	僧人	壶关县下寺村	不详	不详	不详	已经
				清道光十四年（1834）仍存						
77	荐福寺、荐佛寺	宋太平兴国九年（984）	不详	1940	仍存	平顺县东禅村	不详	不详	不详	已废
78	翠岩寺	宋端拱二年（989）	僧人	明成化十五年（1479）	施主	长治市上党区西蛮掌村	不详	不详	僧人	现存
				明崇祯四年（1631）	乡官家庭		不详	不详	不详	
				清道光十二年（1832）—十八年（1838）	官方、社首、绅士、耆老、乡约、保长、僧人		社	社	僧人	
				清咸丰三年（1853）	不详		不详	不详	不详	
79	常春寺	宋咸平五年（1002）	不详	明弘治七年（1494）	不详	黎城县岩井村	不详	不详	不详	现存
				清康熙五十年（1711）	不详		不详	不详	不详	
				1933	村落		不详	村落	未见	

续表

序号	名称	创建时间	创建者	重修时间	主导者及活动	所在地	田产归属	寺院归属	住持身份	存废情况
80	承天禅院	宋景德元年（1004）	官员	不详	不详	长治市上党区	不详	不详	不详	已废
81	宝成寺	不详	不详	宋大中祥符年间（1008—1016）	不详	襄垣县坡底村	不详	不详	不详	已废
				明天启年间（1621—1627）	不详		不详	不详	不详	
				清康熙年间（1662—1722）	不详		不详	不详	不详	
				1928	仍存		不详	不详	不详	
82	崇庆寺	宋大中祥符九年（1016）	不详	宋天圣年间（1023—1030）	施主	长子县崇庆寺	不详	不详	不详	现存
				清嘉庆三年（1798）	僧人		不详	不详	僧人	
				清道光二十九年（1849）—清咸丰三年（1853）	社		不详	不详	僧人	
				1924	社		不详	社	未见	
83	真如院、真如寺	不详	不详	宋大中祥符年间（1008—1016）	官方敕赐	武乡县土河村	不详	不详	僧人	现存
				元至治三年（1323）	不详		不详	不详	僧人	
				元至顺四年（1333）	里人倡议，僧人修建		不详	不详	僧人	
				明弘治十年（1497）—十三年（1500）	不详		不详	不详	僧人	
				清康熙七年（1668）	村落、僧人		不详	不详	僧人	

续表

序号	名称	创建时间	创建者	重修时间	主导者及活动	所在地	田产归属	寺院归属	住持身份	存废情况
83	真如院、真如寺	不详	不详	清康熙十三年（1674）	不详		不详	不详	僧人	
				清乾隆三年（1738）	僧人、官员、士人		不详	不详	僧人	
				清光绪十七年（1891）	社、僧人		不详	不详	僧人	
84	慧照寺	宋天禧元年（1017）	不详	清光绪十八年（1892）	仍存	长子县苗岳村	不详	不详	不详	已废
85	庆云寺	宋天圣二年（1024）	不详	清乾隆三十年（1765）	仍存	长治市上党区苏店村	不详	不详	不详	已废
86	古佛堂	宋天圣四年（1026）	村民	不详	不详	黎城县看后村	不详	不详	不详	已废
87	楞严院	宋天圣年间（1023—1031）	不详	不详	不详	不详	不详	不详	不详	清乾隆年间（1736—1796）废
88	香岩寺	宋庆历年间（1041—1048）	不详	清光绪二十年（1894）	仍存	长治市上党区韩店村	不详	不详	不详	已废
89	大觉寺	不详	不详	宋治平元年（1064）	官方敕赐	长子县寺头村	不详	不详	不详	已废
90	广化寺	宋治平元年（1064）	不详	不详	不详	长子县岳阳村	不详	不详	不详	现存

续表

序号	名称	创建时间	创建者	重修时间	主导者及活动	所在地	田产归属	寺院归属	住持身份	存废情况
91	妙觉院、妙觉寺	宋治平元年（1064）	不详	金大定三年（1163）	僧人、村民申请，官方敕赐	长子县碾北村	不详	村落	僧人	现存
				明隆庆四年（1570）	不详		不详	不详	不详	
				明万历十六年（1588）—十八年（1590）	僧人		不详	不详	僧人	
92	普明寺、慈光寺、慈广寺	不详	不详	宋治平二年（1065）	官方敕赐	长子县石聚川村	不详	不详	僧人	已废
				清光绪十八年（1892）	仍存		不详	不详	不详	
93	大通寺、大通禅寺	宋治平年间（1064—1067）	不详	金大定十九年（1179）	僧人、官员	黎城县辛村里	不详	不详	僧人	现存
				明正统年间（1436—1449）	不详		不详	不详	不详	
				明弘治年间（1488—1505）	不详		不详	不详	不详	
				明隆庆年间（1567—1572）	施主		不详	不详	不详	
94	明化院、明化寺	不详	不详	宋元祐三年（1088）	僧人	黎城县北流村	不详	不详	僧人	已废
				明万历十八年（1590）	僧人、村民		不详	不详	不详	
95	正觉寺	宋元祐六年（1091）	不详	清光绪二十年（1894）	仍存	长治市上党区八义镇	不详	不详	不详	现存
96	洪济寺	宋崇宁二年（1103）	不详	清光绪二十年（1894）	不详	长治市上党区黎岭村	不详	不详	不详	已废

续表

序号	名称	创建时间	创建者	重修时间	主导者及活动	所在地	田产归属	寺院归属	住持身份	存废情况
97	洪济寺	金天会八年（1130）	僧人	金大定三年（1163）	僧人申请，官方赐额	长治市潞城区常村	不详	不详	僧人	现存
98	福胜寺	金皇统三年（1143）	村民	不详	不详	黎城县李堡村	不详	不详	僧人	现存
99	龙泉寺	金大定二年（1162）	不详	1958	仍存	长治市上党区南王庆村	不详	不详	不详	已废
100	洪济院	不详	不详	金大定三年（1163）	僧人申请，官方敕赐	长治市潞城区常村	寺院	不详	不详	已废
101	寿圣院	不详	不详	金大定三年（1163）	官方敕赐	壶关县常平村	不详	不详	僧人	已废
102	大云寺	金大定九年（1169）	官方敕赐	明万历元年（1573）	官员题诗	长治市上党区荫城镇	不详	不详	不详	现存
				清光绪二十年（1894）	仍存		不详	不详	不详	
103	永宁院、永宁寺	金大定十二年（1172）	不详	元大德癸卯（1303）—元至正四年（1344）	不详	武乡县岸北村	不详	不详	不详	现存
				清康熙四十二年（1703）	施主捐地		寺院	寺院	僧人	
104	宝峰寺	金大定十九年（1179）	不详	清光绪二十年（1894）	不详	长治市上党区坡头村	不详	不详	不详	已废
105	福岩寺	金大定二十六年（1186）	不详	明洪武年间（1368—1398）	置僧会司	壶关县龙溪山	不详	不详	不详	已废
				清道光十四年（1834）	仍存		不详	不详	不详	

续表

序号	名称	创建时间	创建者	重修时间	主导者及活动	所在地	田产归属	寺院归属	住持身份	存废情况
106	菩萨庵、菩萨岩	不详	不详	金泰和二年（1202）	不详	黎城县清泉村	不详	不详	僧人	现存
				元至正五年（1345）	不详		不详	不详	不详	
				明弘治十二年（1494）	僧人		不详	不详	不详	
				清康熙十二年（1673）	僧人		不详	不详	僧人	
				清道光十七年（1837）	僧人、村落，村落拨付土地与寺院使用		村落	村落	僧人	
				清光绪九年（1883）	村落、僧		不详	村落	僧人	
				1918	村落		不详	村落	僧人	
107	崇福院	不详	不详	金崇庆元年（1212）	村民，僧人请求，官方敕赐	长治市屯留区王村	不详	不详	僧人	已废
108	南相寺	宋景定年间（1260—1264）	不详	清道光四年（1824）	社	武乡县东庄村	不详	社	不详	已废
109	洞云庵	不详	不详	元至元三年（1266）	官员题诗	武乡县韩登村	不详	不详	未见	已废
110	多宝寺	不详	不详	宋（960—1279）	不详	壶关县东柏林村	不详	不详	不详	已废
				清光绪十八年（1892）	仍存					
111	宝峰寺	宋（960—1279）	不详	蒙古、元（1206—1368）	不详	武乡县韩壁村	不详	村落	不详	已废
				清光绪十四年（1888）	村落		不详	村落	不详	

续表

序号	名称	创建时间	创建者	重修时间	主导者及活动	所在地	田产归属	寺院归属	住持身份	存废情况
112	龙泉寺	元至元五年（1268）	不详	清光绪二十年（1894）	仍存	长治市屯留区北栗村	不详	不详	不详	已废
113	普照寺	元至元五年（1268）	不详	清光绪二十年（1894）	仍存	长治市屯留区里堂村	不详	不详	不详	已废
114	兴国寺	元至元五年（1268）	不详	明宣德六年修（1431）	不详	长治市屯留区平村	不详	不详	不详	已废
				清光绪十八年（1892）	仍存		不详	不详	不详	
115	玉皇七佛庙	元至元五年（1268）前	村民	元至元五年（1268）	官员	壶关县沙窟村后皇七佛庙	不详	不详	不详	现存
				元至元十六年（1279）—十八年（1281）	官员		不详	不详	俗人	
				明嘉靖十二年（1533）	官员		不详	不详	僧人	
116	演教寺	元至元十二年（1275）	不详	清乾隆三十五年（1770）	不详	长子县南李村	不详	不详	不详	已废
117	嘉祥寺	元至元十七年（1280）	不详	元至正年间（1341—1368）	不详	长治市上党区贾掌村	不详	不详	不详	已废
				清光绪二十年（1894）	仍存		不详	不详	不详	
118	宝庆禅院	不详	不详	元至元三十年（1293）	僧人	长治市	不详	不详	不详	已废
119	定林寺	元至元年间（1264—1294）	不详	不详	不详	长治市屯留区余吾镇	不详	不详	不详	已废
				清光绪十八年（1892）	仍存		不详	不详	不详	

续表

序号	名称	创建时间	创建者	重修时间	主导者及活动	所在地	田产归属	寺院归属	住持身份	存废情况
120	宝福寺	不详	不详	元大德二年（1298）	社	长治市屯留区杜村	不详	社	僧人	现存
				清嘉庆二十一年（1816）	不详		不详	不详	不详	
				清道光二十二年（1842）	社		不详	社	不详	
121	宝峰寺	元大德三年（1299）	不详	清光绪十八年（1892）	不详	长治市屯留区王村	不详	不详	不详	已废
122	兴福寺	元大德五年（1301）	不详	清光绪十八年（1892）	不详	长子县横水村	不详	不详	不详	已废
123	白衣堂	不详	不详	元皇庆元年（1312）	村民	平顺县大铎村	不详	不详	不详	现存
				清道光十二年（1832）	村民		不详	不详	不详	
124	清凉寺	元延祐四年（1317）	不详	明崇祯五年（1632）	僧人	壶关县清凉山	不详	不详	不详	已废
				清乾隆三十五年（1770）	仍存		不详	不详	不详	
125	兴国寺	不详	不详	元延祐五年（1318）	不详	长子县于庄村	不详	不详	不详	现存
				清乾隆三十五年（1770）	不详		不详	不详	不详	
126	崇法院	不详	不详	元延祐五年（1318）	不详	武乡县东田村	不详	不详	不详	已废
127	兴化院	不详	不详	元延祐五年（1318）	不详	武乡县监漳村	不详	不详	不详	已废
128	法云院	不详	不详	元延祐五年（1318）	不详	武乡县永丰村	不详	不详	不详	已废
129	延庆寺	元延祐六年（1319）	不详	明洪武十六年	置僧会司	黎城县南关	不详	不详	不详	已废
				清乾隆三十五年（1770）	仍存			不详	不详	

续表

序号	名称	创建时间	创建者	重修时间	主导者及活动	所在地	田产归属	寺院归属	住持身份	存废情况
130	崇福寺	元延祐七年（1320）	不详	清光绪十八年（1892）	仍存	黎城县北二十里	不详	不详	不详	已废
131	玉溪禅院、玉溪寺	元泰定元年（1324）	不详	明弘治十一年（1498）	不详	长治市屯留区魏村	不详	不详	不详	现存舍利塔
132	明月寺	元泰定二年（1325）	不详	明正统十年（1445）	不详	长治市屯留区中村	不详	不详	不详	已废
				清光绪十八年（1892）	仍存			不详	不详	
133	甘泉寺	元泰定二年（1325）	不详	明正统十一年（1446）	不详	长治市屯留区西北百里	不详	不详	不详	已废
				清光绪十八年（1892）	仍存		不详	不详	不详	
134	宝福寺	元泰定二年（1325）	不详	清嘉庆年间（1796—1820）	不详	长治市	不详	不详	不详	现存
				清道光年间（1821—1850）			不详	不详	不详	
135	大觉寺	元泰定二年（1325）	不详	明洪武年间（1368—1398）	不详	长治市屯留区宋村	不详	不详	不详	已废
				清光绪十八年（1892）	仍存			不详	不详	
136	龙化庵、龙化寺	元天历元年（1328）	不详	明万历十七年（1589）	村民	长治市潞城区北村	不详	不详	不详	现存
				清乾隆三十年（1765）	社	不详	不详	不详	不详	
137	灵泉寺	不详	不详	元至顺年间（1330—1333）	不详	沁县南池村	不详	不详	不详	现存
138	际子寺	元元统元年（1333）	不详	清光绪二十年（1894）	仍存	长治市上党区百和村	不详	不详	不详	已废

续表

序号	名称	创建时间	创建者	重修时间	主导者及活动	所在地	田产归属	寺院归属	住持身份	存废情况
139	延禧寺	元至元二年（1336）	不详	清光绪十八年（1892）	仍存	武乡县东关	不详	不详	不详	已废
140	永峰寺	元至正二年（1342）	不详	明正统六年（1441）	不详	长治市屯留区古城村	不详	不详	不详	现存
				清康熙二十四年（1685）	僧人、村民		不详	不详	僧人	
141	云影寺	元至正二年（1342）	不详	清乾隆三十五年（1770）	仍存	长治市屯留区凤凰山	不详	不详	不详	已废
142	法云院	不详	不详	元至正三年（1343）	僧人	长治市上党区西八村	不详	不详	僧人	现存
143	金仙院	不详	不详	元大德癸卯（1303）—元至正四年（1344）	不详	武乡县三交村	不详	不详	不详	现存
144	建福院	不详	不详	元大德癸卯（1303）—元至正四年（1344）	不详	武乡县绍渠村	不详	不详	不详	已废
145	洪济院	不详	不详	元大德癸卯（1303）—元至正四年（1344）	不详	武乡县东良村	不详	不详	不详	现存
				元皇庆二年（1313）	僧人		不详	不详	不详	
				明成化六年（1470）	僧人		不详	不详	僧人	
				清雍正七年（1729）	村民提倡，社主持		不详	不详	未见	
				清嘉庆元年（1796）—二年（1797）	社		不详	社	未见	

续表

序号	名称	创建时间	创建者	重修时间	主导者及活动	所在地	田产归属	寺院归属	住持身份	存废情况
146	弥陀院	不详	不详	元大德癸卯（1303）—元至正四年（1344）	不详	武乡县东五峪村	不详	不详	未见	现存
147	大明院	不详	不详	元大德癸卯（1303）—元至正四年（1344）	不详	沁县山曲村	不详	不详	不详	已废
148	瑞云禅寺、福源寺	不详	不详	元大德七年（1303）—元至正四年（1344）	僧人	武乡县北良侯村	不详	不详	僧人	现存
149	吉祥禅寺、吉祥寺	不详	不详	元大德癸卯（1303）—元至正四年（1344）	不详	武乡县陈村	不详	不详	不详	现存
				明正统年间至明成化十一年（1475）	僧人		不详	不详	僧人	
				清康熙二十七年（1688）	不详		不详	不详	不详	
				清（1636—1912）	改为龙王庙		不详	村	不详	
				中华民国（1912—1949）	改为民居		不详	村	不详	
				解放战争时期（1946—1949）	八路军招兵处		不详	村	不详	
				1949 年以后	饲养场地		不详	村	不详	
150	观音堂	不详	不详	元至正六年（1346）	施主	长治市潞城区黄牛蹄村	不详	不详	不详	现存
				清（1636—1912）	村民		不详	村	不详	

续表

序号	名称	创建时间	创建者	重修时间	主导者及活动	所在地	田产归属	寺院归属	住持身份	存废情况
151	崇胜寺	元至正九年（1349）	不详	清光绪十八年（1892）	仍存	长治市潞城区城西北五十里宋村里	不详	不详	不详	已废
152	崇福寺	元至正九年（1349）	不详	明嘉靖四十三年（1564）	僧人	襄垣县县城	不详	不详	僧人	现存
				清顺治二年（1645）	僧人提议，施主集资		不详	不详	僧人	
				清乾隆三十六年（1771）	施主		不详	不详	不详	
153	七佛祖师堂	不详	不详	元至正十五年（1355）	村民	黎城县看后村	不详	不详	未见	现存
154	龙泉寺	不详	不详	元至正二十八年（1368）	不详	长治市上党区贾村	不详	不详	不详	已废
				清光绪二十年（1894）	不详		不详	不详	不详	
155	甘泉寺	蒙古、元（1206—1368）	不详	明成化年间（1465—1487）	僧人	长子县寺头村	不详	不详	不详	现存
				1933	社		社	社	未见	
156	宝峰寺	不详	不详	蒙古、元（1206—1368）	不详	长治市屯留区乡姬村	不详	不详	不详	现存
				明成化五年（1469）	不详		不详	不详	不详	
157	云盖寺	不详	不详	清道光十四年（1834）	仍存	壶关县紫团山下	不详	不详	不详	已废
158	大兴隆寺	不详	不详	蒙古、元（1206—1368）		长治市上党区北张村	不详	村	不详	现存
				明弘治五年（1492）—十七年（1504）	官方敕赐	长治市上党区北张村	不详	村	僧人	
159	古塔寺	蒙古、元（1206—1368）	不详	清光绪十八年（1892）	仍存	长子县莫村	不详	村	不详	已废

续表

序号	名称	创建时间	创建者	重修时间	主导者及活动	所在地	田产归属	寺院归属	住持身份	存废情况
160	古佛堂	不详	不详	蒙古、元（1206—1368）	不详	长治市	不详	不详	不详	
				明成化年间（1465—1487）	不详		不详	不详	僧人	
				明万历三十七年（1609）	僧人		不详	不详	僧人	
161	金山寺	蒙古、元（1206—1368）	僧人	清光绪十八年（1892）	仍存	壶关县黄陀村	不详	不详	不详	已废
162	千手观音庙	不详	不详	蒙古、元（1206—1368）	不详	襄垣县流渠村	不详	不详	不详	现存
				清（1636—1912）	不详		不详	不详	不详	
163	清泉寺	明洪武初年（1368）	不详	明崇祯九年（1636）	村民提倡，僧人负责	武乡县石门村	不详	村落	僧人	现存
164	竹岩寺	不详	不详	洪武初年（1368）	僧人	壶关县南岭村	不详	不详	僧人	现存
				明成化二十二年（1486）—弘治八年（1495）	僧人		不详	不详	僧人	
165	资寿寺	明洪武二年（1369）	不详	清乾隆三十五年（1770）	仍存	长子县王婆村	不详	不详	不详	已废
166	白马寺	不详	不详	明洪武二十八年（1395）	僧人家属	武乡县西城村	不详	不详	僧人	已废
				明景泰六年（1455）	僧人、村民		不详	不详	僧人	
				明嘉靖三十六年（1557）—三十七年（1558）	僧人修寺，村民施地		寺院	不详	僧人	

续表

序号	名称	创建时间	创建者	重修时间	主导者及活动	所在地	田产归属	寺院归属	住持身份	存废情况
167	聚福寺	不详	不详	明景泰七年（1456）	不详	武乡县	不详	不详	不详	已废
				明弘治十四年（1501）	不详		不详	不详	不详	
				明万历二十二年（1594）	村民家族		不详	不详	不详	
				清顺治十六年（1659）	不详		不详	不详	不详	
				清乾隆十二年（1747）	不详		不详	不详	不详	
				清乾隆三十三年（1768）	社、僧人		不详	社	僧人	
168	龙泉寺	不详	不详	明景泰年间（1450—1457）	官员施主家族	武乡县河北里庄村	寺院	不详	不详	已废
				清顺治十七年（1660）	不详		不详	不详	不详	
169	崇兴寺	明成化三年（1467）	不详	明嘉靖四十五年（1566）	僧人、官员、施主	武乡县	不详	不详	不详	已废
170	圣水寺	明成化年间（1465—1487）	僧人、施主	明正德十一年（1516）	僧人为高僧建塔	黎城县北陌村	寺院	不详	僧人	现存
				明嘉靖十六年（1537）	僧人		不详	不详	僧人	
				明嘉靖十九年（1540）	僧人为高僧建塔		不详	不详	僧人	
				1937	僧人为高僧建塔		不详	不详	僧人	
				1939	僧人为高僧建塔		不详	不详	僧人	
171	寿圣寺	不详	不详	明正统十二年（1447）—十四年（1449）	村民家族	黎城县寺底村	不详	不详	僧人	

续表

序号	名称	创建时间	创建者	重修时间	主导者及活动	所在地	田产归属	寺院归属	住持身份	存废情况
172	水峪庵、水峪寺	不详	不详	明天顺年间（1457—1464）	村民	平顺县豆口村	不详	不详	不详	现存
				明弘治六年（1493）	村民		不详	不详	僧人	
				明弘治十五年（1502）	村民		不详	不详	僧人	
				明嘉靖十一年（1532）	不详		不详	不详	僧人	
				明万历十二年（1584）	社、僧		不详	不详	僧人	
				清康熙四年（1665）	社		不详	不详	僧人	
				清康熙十一年（1672）—十七年（1678）	僧		不详	不详	僧人	
				清乾隆十年（1745）	社		不详	不详	僧人	
				清光绪十七年（1891）	僧、社、村		不详	不详	僧人	
				清光绪二十二年（1896）	僧与里、社重立寺规		社	不社	僧人	
173	甘泉寺	明天顺八年（1464）	不详	明嘉靖十四年（1535）	僧人为高僧立塔铭	武乡县上黄岩村	不详	不详	僧人	现存
				清乾隆十六年（1751）	村民家族		不详	不详	未见	
174	古佛堂	不详	不详	明成化年间（1465—1487）	不详	长治市上党区东呈村	不详	不详	僧人	现存
				明万历三十七年（1609）	僧人		不详	不详	僧人	
175	罗汉堂	不详	不详	明弘治元年（1488）	村民家族	平顺县关角沟庄	不详	不详	未见	现存

续表

序号	名称	创建时间	创建者	重修时间	主导者及活动	所在地	田产归属	寺院归属	住持身份	存废情况
176	建封寺	不详	僧人	明弘治元年（1488）	僧人提议并募化，官员捐资重修	襄垣县南李信村	不详	不详	不详	现存
				明弘治七年（1495）	僧人录百法疏主和尚行状		不详	不详	不详	
				明万历三十八年（1610）	村民施地于寺		僧人有耕种权，无所有权	不详	僧人	
				清乾隆二十一年（1756）	村民修塔		不详	不详	僧人	
177	慈惠寺	不详	不详	明弘治年六年（1493）	官员	长治市上党区北关	不详	不详	不详	乾隆时已废
178	观音堂	不详	不详	明弘治七年（1494）	村民	壶关县南山后村	不详	村民	未见	现存
				明正德六年（1511）	村民修塔，施地		寺院	不详	僧人	
179	铁佛庵	不详	不详	明弘治十二年（1499）	施主	壶关县黄崖底村	不详	不详	未见	已废
				明嘉靖三十四年（1555）	村民		不详	不详	未见	
				清康熙六年（1667）	村民、僧、社、官员		不详	社	僧人	
180	云盖寺	不详	不详	明正德前期（1506）—明正德八年（1513）	僧人	长治市	不详	不详	不详	已废

续表

序号	名称	创建时间	创建者	重修时间	主导者及活动	所在地	田产归属	寺院归属	住持身份	存废情况
181	灵岩寺	不详	不详	明正德前期（1506）—明正德八年（1513）	僧人	长治市	不详	不详	不详	已废
182	崇岩禅院	不详	不详	明正德七年（1512）—明正德八年（1513）	僧人	平顺县下社村	不详	不详	僧人	已废
183	仙堂寺、五泉寺	不详	不详	明正德十二年（1517）	官员题赋	襄垣县仙堂山	不详	不详	不详	现存
				清嘉庆九年（1804）	村落		不详	不详	僧人	
				1930	施主		不详	不详	不详	
184	云盖寺	不详	不详	明正德年间（1506—1521）	僧人	壶关县下寺村	不详	不详	不详	现存塔林
				明嘉靖二十六年（1547）	僧人		不详	不详	不详	
185	香岩寺	不详	不详	明正德年间（1506—1521）	僧人	襄垣县桃树村	不详	不详	不详	已废
				1928	仍存		不详	不详	不详	
186	庵教寺、安教寺	不详	不详	明嘉靖五年（1526）	村民	黎城县郭家庄村	不详	不详	不详	已废
				清道光十年（1830）	社		不详	社	僧人	
				1919	村		不详	村	不详	
187	洪福庵	明嘉靖七年（1528）—十二年（1533）	施主	不详	不详	黎城县东阳关村	不详	不详	不详	现存

续表

序号	名称	创建时间	创建者	重修时间	主导者及活动	所在地	田产归属	寺院归属	住持身份	存废情况
188	观音堂	不详	不详	明嘉靖八年（1529）	僧人	武乡县崇城岩村	不详	不详	僧人	已废
189	化成寺、化城寺	明嘉靖十年（1531）	僧人	明嘉靖二十二年（1543）	官员主持招揽僧人并任命僧人为本县僧会	襄垣县下良村	不详	不详	僧人	现存
				明嘉靖三十年（1551）—三十三年（1554）	僧人		不详	不详	僧人	
190	摩云寺	不详	不详	明嘉靖二十二年（1543）		长治市上党区大峪村	不详	不详	不详	已废
				清光绪二十年（1894）	仍存		不详	不详	不详	
191	观音堂	明嘉靖二十三年（1544）	村民家族	明万历二十年（1592）—二十一年（1593）	施主家族发起，村民相助	襄垣县大池西庄	不详	不详	未见	现存
192	胡庄寺	不详	不详	明嘉靖二十六年（1547）	僧人	武乡县胡庄寺村	不详	不详	僧人	已废
193	观音阁	不详	不详	明嘉靖二十六年（1547）	村民	长治市潞城区北庄村	不详	会	僧人	现存
				清道光十五年（1835）	村民施地入社为地基		不详	社	不详	
				清道光二十二年（1842）	村落		不详	社	未见	
194	寿圣寺	不详	不详	明嘉靖三十三年（1554）	村民	黎城县看后村	不详	不详	僧人	已废
				清同治四年（1865）	村民		不详	不详	僧人	
195	佛神殿、普济寺	明嘉靖三十七年（1558）	官方	明万历三十二年（1604）—三十四年（1606）	施主、僧人	武乡县南神山	不详	不详	僧人	现存
				明崇祯十年（1637）	施主		不详	不详	不详	
				清光绪三十三年（1907）	僧人题诗		不详	不详	僧人	

续表

序号	名称	创建时间	创建者	重修时间	主导者及活动	所在地	田产归属	寺院归属	住持身份	存废情况
196	慈云寺	明嘉靖四十一年（1562）	僧人	乾隆四十六年（1781）	僧人	襄垣县常隆村	不详	不详	僧人	已废
				1928	仍存		不详	不详	不详	
197	灵感观音堂	不详	不详	明嘉靖四十二年（1563）	村民	襄垣县磁窑头村	不详	不详	未见	现存
				明万历四十一年（1613）	村民		不详	不详	未见	
				清顺治九年（1652）	不详		不详	不详	未见	
				清雍正十二年（1734）	僧人、村民		不详	不详	僧人	
				清乾隆四十一年（1776）	村落		不详	不详	僧人	现存
198	观音寺	不详	不详	明嘉靖时期（1522—1566）	不详	武乡县许为张村	不详	不详	不详	已废
				清嘉庆四年（1799）	五村合力		不详	村落	不详	
199	观音堂	不详	不详	明隆庆元年（1567）	村民	黎城县西柏峪村	不详	不详	未见	已废
				清道光四年（1824）	村落		不详	村落	未见	
200	观音堂	不详	不详	明万历二年（1574）	僧人	壶关县洪底村	不详	不详	僧人	
201	昆尼庵、石佛庙	明万历四年（1576）	多村村民、僧人	不详	不详	长治市屯留区石室村	不详	不详	未见	现存
202	三大士堂	不详	不详	明万历九年（1581）	村民家族	长治市潞城区桥北村	不详	不详	未见	现存
203	棲云庵	明万历九年（1581）	不详	1928	仍存	襄垣县北洞儿嘴	不详	不详	不详	已废

续表

序号	名称	创建时间	创建者	重修时间	主导者及活动	所在地	田产归属	寺院归属	住持身份	存废情况
204	佛殿	不详	不详	明万历十二年（1584）	村民、僧人	襄垣县霍村	不详	村落	僧人	现存
205	观音堂	不详	不详	明万历十三年（1585）—十五年（1587）	村民	长治市上党区苏店村	不详	不详	未见	已废
				明万历二十三年（1595）	村民		不详	不详	道人	已废
206	佛泉寺	不详	不详	明万历十三年（1587）	不详	襄垣王家峪	不详	社	俗人	现存
				清嘉庆六年（1801）	不详		不详	不详	不详	
				清同治六年（1867）	社		不详	社	不详	
207	观音阁	不详	不详	明万历十五年（1587）	不详	长治市潞城区贾村	不详	不详	不详	现存
				清道光十一年（1831）	申明寺属田产属于社内	长治市潞城区贾村	社	社	未见	
208	观音堂	不详	不详	明万历十七年（1589）	村落	长治市潞城区北村	不详	村	不详	已废
209	□安寺	不详	不详	明万历十七年（1589）	不详	长治市潞城区北村	不详	不详	不详	已废
210	观音堂	不详	不详	明万历十七年（1589）	村民	黎城县南头庄村	不详	不详	未见	现存
211	崇福庵	明万历二十五年（1597）—天启元年（121）	城内居民、村民	不详	不详	黎城县南头庄村	不详	不详	不详	已废
212	观音堂	明万历二十六年（1598）	村落	不详	不详	平顺县实会村	不详	不详	未见	已废

续表

序号	名称	创建时间	创建者	重修时间	主导者及活动	所在地	田产归属	寺院归属	住持身份	存废情况
213	观音堂	明万历二十七年（1599）	村民	不详	不详	长治市上党区潞城区安乐村	不详	不详	未见	现存
214	佛堂庙	不详	不详	明万历三十八年（1610）	社铸钟	长治市潞城区河湃村	不详	不详	不详	现存
				明万历四十五年（1617）	村民		不详	不详	不详	
215	石佛庵	不详	不详	明万历四十年（1612）	社、僧	黎城县东黄须村	社	社	僧人	现存
				清乾隆五十一年（1786）	村民		不详	不详	未见	
216	佛庙	不详	不详	明万历四十五年（1617）	社	长治市潞城区下社村	不详	社	未见	现存
				清乾隆三十八年（1773）	社		不详	社	未见	
217	观音堂	明万历年间（1573—1620）	村民	明天启三年（1623）	村民	长治市潞城区井峪村	不详	不详	不详	现存
218	观音堂	明万历年间（1573—1620）	不详	清嘉庆二十一年（1816）	社	襄垣县祝家岭	不详	社	未见	已废
				明崇祯四年（1631）	社、僧		不详	社	僧人	
219	大觉寺	明万历年间（1573—1620）	不详	清道光元年（1821）	社	壶关县四家池村	不详	社	不详	已废
				清道光十四年（1834）	仍存		不详	不详	不详	
				明崇祯三年（1630）	村民	长治市潞城区西南流村	不详	村落	不详	
220	铁佛寺、铁佛林泉寺	明万历年间（1573—1620）	不详	清光绪二十年（1894）	仍存	长治市上党区	不详	不详	不详	已废

续表

序号	名称	创建时间	创建者	重修时间	主导者及活动	所在地	田产归属	寺院归属	住持身份	存废情况
221	观音殿	不详	不详	明天启六年（1626）	社、僧人	长治市上党区西苗村	社	社	僧人	现存
				清乾隆十五年（1750）—三十三年（1768）	社		社	社	未见	
222	静业庵	明天启六年（1621）	不详	清康熙四十三年（1704）	不详	襄垣县南坪村（1928）	不详	不详	不详	现存
223	观音堂	不详	不详	明崇祯三年（1630）	村落	长治市潞城区西流村	不详	村落	僧人	现存
224	佛爷庙	不详	不详	明崇祯四年（1631）	僧人倡议，村民帮助	襄垣县东回辕村	不详	不详	僧人	现存
225	佛庙	不详	不详	明崇祯五年（1632）	社、甲	黎城县后庄村	社	社	不详	不详
226	观音阁	不详	不详	明崇祯五年（1632）	施主倡议，村民帮助	襄垣肖朵垛村	不详	不详	未见	现存
227	观音阁	不详	不详	明崇祯七年（1634）	官员	武乡县城东门	不详	官府	不详	已废
228	广济院	不详	不详	明崇祯十六年（1643）	僧人	长治市潞城区辿口村	不详	不详	僧人	现存
				清乾隆年间（1736—1796）	村民		不详	不详	不详	
229	三大士堂	不详	不详	明崇祯十六年（1643）	村落	长治市潞城区贾村	不详	村落	不详	现存
				清乾隆五十七年（1792）	村民置地入寺，土地属社	社	社	社	未见	
				清道光六年（1824）	社	社	不详	社	未见	
230	普云寺	不详	不详	明（1368—1644）	不详	长治市潞城区羌城村	不详	不详	不详	现存
				清光绪十一年（1885）	官府裁决寺与教堂记地之争		社	社	未见	

续表

序号	名称	创建时间	创建者	重修时间	主导者及活动	所在地	田产归属	寺院归属	住持身份	存废情况
231	膺福寺	不详	不详	明（1368—1644）	不详	黎城县渠村	不详	不详	不详	现存
				清（1636—1912）	不详		不详	不详	不详	
232	圣泉寺	明（1368—1644）	不详	清康熙五十四年（1715）	施主家族	武乡县崇城岩村（1928）	不详	不详	不详	现存
				清雍正八年（1730）	僧人		不详	不详	僧人	
				清雍正十三年（1735）	施主		不详	不详	不详	
				清乾隆四十二年（1777）	僧人、施主家族		不详	不详	不详	
				清道光五年（1825）	僧人、僧会司、施主家族		不详	不详	僧人	
				清光绪十三年（1887）	官员、村落		不详	不详	僧人	
				1913	僧人		不详	不详	僧人	
				1929	村落		不详	不详	不详	
233	觉光寺、交光寺	不详	不详	明（1368—1644）	不详	长治市上党区北天河村	不详	不详	不详	现存
234	金人寺	不详	不详	明（1368—1644）	不详	长子县城阳村	不详	不详	不详	现存
				清（1636—1912）	不详		不详	不详	不详	
235	净业庵、静业庵	不详	不详	明（1368—1644）	县令题词	襄垣县西营镇	不详	不详	不详	现存
				清康熙四十七年（1708）—五十五年（1716）	文人倡议集资		不详	不详	不详	

续表

序号	名称	创建时间	创建者	重修时间	主导者及活动	所在地	田产归属	寺院归属	住持身份	存废情况
236	五瘟将军庙、吉祥寺	明（1368—1644）	不详	清雍正六年（1728）	施主	武乡县东郊	不详	不详	不详	已废
				清雍正二十年（1748）	僧人		不详	不详	僧人	
				清乾隆十四年（1749）	不详		不详	不详	不详	
237	普通寺	明（1368—1644）	不详	光绪十八年（1892）	仍存	长治市潞城区	不详	不详	不详	已废
238	地藏十王殿	大顺永昌元年（1644）	社	清康熙五年（1665）	村民	长子县北刘村	不详	社	未见	已废
				清康熙四十四年（1705）	社		不详	社	未见	
239	观音堂	不详	不详	清顺治二年（1645）	村民重修并施地	襄垣县南河口村	不详	不详	未见	现存
240	五道殿	不详	不详	清顺治四年（1647）	社	长子县善村	不详	社	道士	现存
241	观音殿	不详	不详	清顺治四年（1647）	社	长子县善村	不详	社	不详	现存
242	佛殿	不详	不详	清顺治四年（1647）	社	长子县善村	不详	社	不详	现存
243	地藏十王殿	不详	不详	清顺治四年（1647）	社	长子县善村	不详	社	不详	现存
244	瑜伽庵	清顺治六年（1649）	官员	不详	不详	襄垣县城北门外	不详	不详	不详	已废
245	伽蓝殿	不详	不详	清顺治七年（1650）	社	壶关县三家村	不详	社	僧人	已废
246	观音堂	清顺治八年（1651）	村民家族	不详	不详	长治市潞城区曹沟村	不详	不详	未见	现存

续表

序号	名称	创建时间	创建者	重修时间	主导者及活动	所在地	田产归属	寺院归属	住持身份	存废情况
247	白衣堂	清顺治十年（1653）	村民家族	不详	不详	长治市潞城区西村	不详	不详	不详	现存
248	观音堂	清顺治十二年（1655）	社	不详	不详	长治市潞城区石窟村	不详	社	未见	现存
249	观音堂	不详	不详	清顺治十七年（1660）	村民	黎城县霞庄村	不详	不详	未见	现存
250	准提阁	清顺治十六年（1659）—清顺治十七年（1660）	官员	不详	不详	壶关县南关	不详	不详	不详	已废
251	圣泉寺	清康熙元年（1662）	官员	清乾隆年间（1736—1796）	不详	长治市上党区城东北	不详	不详	不详	已废
252	圣水寺、圣泉寺	不详	不详	清康熙元年（1662）—六年（1667）	僧人	黎城县清泉村	不详	不详	僧人	现存
				清康熙七年（1668）	施主认粮		寺院	不详	僧人	
				清嘉庆五年（1800）	村落		村落	村落	未见	
				清道光十七年（1837）	村落		村落	村落	未见	
				1927	社		村落	社	未见	
253	千佛阁	清康熙六年（1667）	官员公允	清光绪二十年（1894）	仍存	长治市上党区城东	不详	不详	不详	已废

续表

序号	名称	创建时间	创建者	重修时间	主导者及活动	所在地	田产归属	寺院归属	住持身份	存废情况
254	三大士堂	清康熙七年（1668）	不详	清雍正十年（1732）	村落	襄垣县南桥堙村	不详	村落	未见	现存
255	观音堂	不详	不详	清康熙九年（1670）	僧人、社	长治市潞城区朱家川村	不详	社	僧人	现存
256	慈慧庵	清康熙九年（1670）	僧人	清嘉庆十八年（1813）	僧人因地产起纠纷	襄垣县北里信村	不详	不详	僧人	已废
257	大悲菩萨庙	不详	不详	清康熙十七年（1668）	村民	襄垣县大黄庄村	不详	不详	未见	已废
258	观音阁	不详	不详	清康熙二十二年（1683）	村民	长治市潞城区果街村	不详	不详	不详	现存
259	朝阳庵	不详	不详	清康熙二十三年（1684）	僧人捐地入寺	黎城县	不详	不详	僧人	已废
260	普济禅院	不详	不详	清顺治七年（1650）	社买地入寺	襄垣县东城村	社	社	未见	现存
				清康熙二十三年（1684）	社买地入寺		社	社	未见	
261	观音殿	不详	不详	清康熙二十五年（1686）	社	壶关县井则口村	不详	社	未见	已废
				清嘉庆十五年（1812）	社		不详	社	未见	
262	观音庙	不详	不详	清康熙二十五年（1686）	村民	长治市潞城区成家川村	不详	不详	未见	现存
				清道光六年（1826）	村落		不详	村落	未见	
263	佛殿	不详	不详	清康熙二十七年（1688）—二十八年（1689）	村民	长治市潞城区黄池村	不详	村落	未见	现存
				清道光十九年（1839）	村落		不详	村落	未见	

续表

序号	名称	创建时间	创建者	重修时间	主导者及活动	所在地	田产归属	寺院归属	住持身份	存废情况
264	佛殿	不详	不详	清康熙二十九年（1690）	村落、僧人合作	长治市潞城区北舍村	不详	村落	僧人	现存
265	地藏庵	不详	不详	清康熙二十九年（1690）	村民	长子县大南石村	不详	不详	僧人	现存
266	白衣三圣阁	不详	不详	清康熙三十七年（1698）	不详	襄垣县	不详	不详	不详	已废
267	观音堂	清康熙三十八年（1699）	村民	不详	不详	长治市潞城区韩家园村	不详	不详	未见	现存
268	清凉寺	不详	不详	清康熙四十二年（1703）	村落	武乡县石壁村	不详	不详	不详	已废
				1928	仍存		不详	不详	不详	
269	丈八寺	不详	不详	清康熙四十四年（1705）	村民	长治市上党区桑梓村	不详	不详	僧人	现存塔
270	地藏十王殿	清康熙四十四年（1705）	不详	不详	社	长子县慕容村	不详	社	未见	现存
271	佛仙庵、观音堂	不详	不详	清康熙四十五年（1706）	社	平顺县遮峪村	不详	社	僧人	已废
				清光绪十三年（1887）	社		不详	社	未见	
272	佛殿	不详	不详	清康熙四十六年（1706）	村落	平顺县北庄村	不详	村落	未见	已废
				清嘉庆十五年（1800）	村落		不详	村落	未见	
273	观音阁	清康熙五十一年（1711）	村民	清嘉庆十五年（1810）	不详	黎城县孔家峧村	不详	村落	僧人	已废

续表

序号	名称	创建时间	创建者	重修时间	主导者及活动	所在地	田产归属	寺院归属	住持身份	存废情况
274	观音阁	清康熙五十二年（1711）	不详	清嘉庆二十一年（1816）	不详	长治市潞城区	不详	不详	不详	现存
275	三大士堂	不详	不详	清康熙五十八年（1719）	不详	长治市潞城区崇道村	不详	不详	不详	现存
				清嘉庆二十四年（1819）	不详		不详	不详	不详	
				清道光十七年（1837）	社		社	社	未见	
276	普明寺、云峰寺	不详	不详	清康熙年间（1662—1722）	里人	襄垣县西营镇（1928）	不详	不详	不详	已废
				清雍正年间（1723—1735）			不详	不详	不详	
				清道光五年（1825）	里人		不详	不详	不详	
277	古佛庙	清康熙年间（1622—1722）	不详	清康熙五十八年（1719）	社	襄垣县九庄村	不详	不详	不详	现存
				清乾隆十五年（1792）	村落		村落	村落	不详	
				清道光六年（1826）	社		不详	社	不详	
				清光绪十三年（1887）	官员主持，村民捐资		不详	不详	不详	
				1913	僧人		不详	不详	僧人	
				1923	社		不详	社	未见	
278	佛堂庙	不详	不详	清雍正八年（1730）	庙宇买地	潞城市东白兔村	社	社	未见	现存
279	观音堂	不详	不详	清雍正九年（1731）	社	襄垣县大池庄	不详	社	未见	现存
280	观音堂	不详	不详	清乾隆二年（1737）	村落	平顺县恭水村	不详	村落	未见	现存

续表

序号	名称	创建时间	创建者	重修时间	主导者及活动	所在地	田产归属	寺院归属	住持身份	存废情况
281	慈云寺	不详	不详	清乾隆九年（1744）	施主	壶关县回车村	不详	不详	僧人	现存
				清乾隆十六年（1751）	僧人		不详	不详	僧人	
282	天宝寺	不详	不详	清乾隆十年（1745）—乾隆十二年（1747）	社、村民	壶关县清流村	不详	社	不详	已废
283	白云寺	不详	不详	清乾隆十二年（1751）	施主建塔	襄垣县七里脚村	不详	不详	未见	现存
				清道光六年（1826）	社		社	社	僧人	
284	白衣三神庙	不详	不详	清乾隆十五年（1750）	社	襄垣县仓上村	不详	社	未见	现存
285	救苦殿	清乾隆二十一年（1756）	社	不详	不详	武乡县段村	不详	社	道士	已废
286	观音堂	不详	不详	清乾隆二十二年（1757）	僧人	长子县西尧村	不详	不详	僧人	现存
287	观音堂	不详	不详	清乾隆二十三年（1758）	村落	长治市潞城区李家村	不详	村	未见	已废
288	宁庆寺	不详	村民家族	清乾隆二十三年（1758）	不详	武乡县温庄村	不详	不详	不详	已废
289	净云庵	不详	不详	清乾隆二十五年（1760）	村民家族	武乡县韩家垴村	不详	不详	不详	已废
290	乌泉寺	不详	不详	清乾隆二十七年（1762）	不详	壶关县乌泉山	不详	不详	不详	已废
				清道光十四年（1834）	仍存		不详	不详	不详	已废
291	观音庙	不详	不详	清乾隆三十年（1765）	社	武乡县马岚头村	不详	社	不详	已废

续表

序号	名称	创建时间	创建者	重修时间	主导者及活动	所在地	田产归属	寺院归属	住持身份	存废情况
292	家佛堂	不详	不详	清乾隆二十九年（1764）	村民家族	长治市潞城区东天贡村	不详	村民家族	未见	现存
293	永兴寺	不详	不详	清乾隆三十一年（1766）	僧人、村民	武乡县广志村	不详	不详	不详	已废
294	流泉寺	不详	不详	清乾隆三十五年（1770）	仍存	黎城县鹿头村	不详	不详	不详	已废
295	黄崖寺	不详	不详	清乾隆三十五年（1770）	仍存	黎城县山后村	不详	不详	不详	已废
296	偏城寺	不详	不详	清乾隆三十五年（1770）	仍存	黎城县偏城村	不详	不详	不详	已废
297	禅房寺	不详	不详	清乾隆三十五年（1770）	仍存	黎城县宋家庄村	不详	不详	不详	已废
298	委泉寺	不详	不详	清乾隆三十五年（1770）	仍存	黎城县北玉泉村	不详	不详	不详	已废
299	佛堂寺	不详	不详	清乾隆三十五年（1770）	仍存	黎城县彭庄村	不详	不详	不详	已废
300	西井寺	不详	不详	清乾隆三十五年（1770）	仍存	黎城县西井村	不详	不详	不详	已废
301	慈云寺、浮山寺	不详	不详	清乾隆三十五年（1770）	仍存	潞城县故漳村	不详	社	不详	已废
				清光绪十八年（1892）	仍存		不详	不详	不详	
302	白衣大士、玄天上帝庙	不详	不详	清乾隆三十五年（1770）	社	襄垣县苗家岭村	社	社	未见	现存
				清同治五年（1866）	社		不详	不详	未见	
303	宝寂寺、圣龛	不详	不详	清乾隆三十五年（1770）	仍存	潞城县南村	不详	社	不详	已废
				清光绪十八年（1892）	仍存		不详	不详	不详	

续表

序号	名称	创建时间	创建者	重修时间	主导者及活动	所在地	田产归属	寺院归属	住持身份	存废情况
304	三清庵	不详	不详	清乾隆二十五年（1760）—三十五年（1770）	村落	黎城县平头村	不详	村落	未见	已废
305	观音堂	不详	不详	清乾隆三十八年（1773）	社	长治市潞城区寨上村	不详	社	未见	现存
306	观音堂	清乾隆四十六年（1781）	村落	清道光十八年（1838）	社	黎城县石壁底村	不详	社	未见	现存
307	观音堂	不详	不详	清乾隆四十八年（1783）	村落	黎城县前贾岭村	不详	村落	未见	已废
308	大士宫	不详	不详	清乾隆五十二年（1787）	村落	壶关县程庄村	不详	村落	未见	已废
309	观音堂	不详	不详	清乾隆五十三年（1788）	不详	壶关县大河村	不详	不详	不详	已废
				清道光年间（1821—1850）	军人		不详	不详	未见	
310	观音堂	不详	不详	清乾隆五十七年（1792）—嘉庆元年（1796）	村落	长治市潞城区窑上村	不详	村落	未见	现存
311	观音堂	清乾隆五十八年（1793）	不详	不详	不详	长治市潞城区宋村	不详	不详	不详	现存
312	净云庵	不详	不详	清乾隆年间（1736—1796）	僧人、施主	武乡县南关（1928）	不详	不详	不详	已废
				清道光六年（1826）	村民家族		不详	不详	未见	
313	净尘庵	不详	不详	清乾隆年间（1736—1796）	毁于火	武乡县南关	不详	不详	僧人	已废
				清道光二十五年（1845）	僧人		不详	不详	僧人	

续表

序号	名称	创建时间	创建者	重修时间	主导者及活动	所在地	田产归属	寺院归属	住持身份	存废情况
314	白云寺	不详	不详	清嘉庆元年（1796）—嘉兴八年（1803）	社	壶关县紫团山	不详	社	未见	现存
				清道光七年（1827）	多个村、社		不详	社	未见	
				清咸丰元年（1854）	多个村、社		不详	社	未见	
				1916	多个村、社		不详	社	俗人	
315	古佛堂	不详	不详	清嘉庆元年（1796）	社、僧	长治市上党区韩川村	不详	社	僧人	已废
316	永兴庵	不详	不详	清嘉庆二年（1797）	社	壶关县河西村	不详	社	僧人	已废
317	观音堂	不详	不详	清嘉庆五年（1800）	村落	平顺县王家庄村	不详	村落	未见	现存
318	佛堂	不详	不详	清嘉庆八年（1803）	不详	长治市潞城区	不详	不详	未见	现存
319	观音堂	不详	不详	清嘉庆十年（1805）	社	黎城县石板村	不详	社	未见	已废
				清光绪二十五年（1899）	社		不详	社	未见	
320	三大士堂	不详	不详	清嘉庆十年（1805）	社	长治市上党区宋家庄村	不详	社	未见	现存
321	观音堂	不详	不详	清嘉庆十年（1805）	社	长治市潞城区子北村	不详	社	不详	现存
322	兴隆庵	不详	不详	清嘉庆十四年（1809）	社	武乡县五科村	不详	社	未见	已废
323	白衣堂、观音堂	清嘉庆十六年（1811）	村民家族	1933	村落	长子县赵家庄村	不详	村落	未见	现存

续表

序号	名称	创建时间	创建者	重修时间	主导者及活动	所在地	田产归属	寺院归属	住持身份	存废情况
324	佛神庙、佛爷庙	不详	不详	清嘉庆二十年（1815）—二十五年（1825）	村落	长治市潞城区王家庄村	不详	村落	未见	现存
				清咸丰二年（1852）	社		不详	社	未见	
				1932	村落		不详	村落	未见	
325	法华寺	清嘉庆二十一年（1816）	不详	不详	不详	沁县松村	不详	不详	不详	现存
326	玉泉寺	不详	不详	清嘉庆二十一年（1816）	社	长子县龙泉村	不详	社	未见	现存
327	暖岩寺	不详	不详	清嘉庆年间（1796—1820）	发生火灾	黎城县南委泉村	不详	不详	不详	现存
				1920	村落		不详	村落	僧人	
328	白衣阁	不详	不详	清道光二年（1822）	社	平顺县申家坪村	不见	社	未见	已废
329	白衣堂	不详	不详	清道光二年（1822）	村民	长治市潞城区 贾村	不详	不详	未见	现存
				1916	社		社	社	未见	
330	大云寺	不详	不详	清道光四年（1824）—道光六年（1826）	社	长子县柳树村	不详	社	未见	现存
331	圆通院、云峰寺	清嘉庆七年（1802）—清道光五年（1825）	僧人	清宣统三年（1911）	僧人	武乡县	寺院	不详	僧人	已废

续表

序号	名称	创建时间	创建者	重修时间	主导者及活动	所在地	田产归属	寺院归属	住持身份	存废情况
332	观音堂	清道光三年（1823）	村落	不详	不详	襄垣县韩家庄村	村落	村落	未见	已废
333	地藏王庙	不详	不详	清道光七年（1827）—二十七年（1847）	会	长子县小堡头村	不详	村落	未见	现存
334	普济寺	不详	不详	清道光八年（1828）	村民	长治市上党区西和村	不详	不详	未见	现存
335	佛爷庙	不详	不详	清道光八年（1828）	社	长治市屯留区崔蒙村	不详	社	未见	现存
336	慈云庵	不详	不详	清道光八年（1828）	村、僧人	武乡县温家沟村	不详	村落	僧人	现存
337	佛爷庙	不详	不详	清道光八年（1828）	社	壶关县郭家坨村	不详	社	俗人	已废
338	净居寺	不详	不详	清道光十年（1830）—同治十年（1871）	僧人	长治市潞城区南马村	不详	不详	僧人	现存
339	观音堂	不详	不详	清道光十一年（1831）	村落	黎城县柏峪村	不详	村落	未见	现存
340	观音堂		社	清道光十三年（1833）		长子县王晁村	社	社	未见	已废
341	龙虎寺	不详	不详	清道光十四年（1834）	仍存	壶关县新兴二里	不详	不详	不详	已废
342	清源寺	不详	不详	清道光十四年（1834）	仍存	壶关县安善里	不详	不详	不详	已废
343	宝相寺	不详	不详	清道光十四年（1834）	仍存	壶关县城寨村	不详	不详	不详	已废
344	冯善寺	不详	不详	清道光十四年（1834）	仍存	壶关县迁善里	不详	不详	不详	已废
345	大明寺	不详	不详	清道光十四年（1834）	仍存	壶关县归善村	不详	不详	不详	已废

续表

序号	名称	创建时间	创建者	重修时间	主导者及活动	所在地	田产归属	寺院归属	住持身份	存废情况
346	佛阁	不详	不详	清道光十四年（1834）	村民	黎城县赵店村	不详	村落	不详	已废
				清道光十四年（1834）—咸丰二年（1852）	村落		不详	村落	未见	
347	观音堂	不详	不详	清道光十五年（1835）	村落	黎城县南堡村	村落	村落	俗人	现存
348	观音菩萨庙	不详	不详	清道光十五年（1835）	村落	长治市潞城区薛家庄村	不详	村落	未见	现存
349	观音堂	不详	不详	清道光十五年（1835）	社	黎城县西骆驼村	不详	社	未见	现存
350	观音堂	不详	不详	清道光十八年（1838）	社	长治市潞城区申庄村	不详	社	僧人	现存
351	观音堂	不详	不详	清道光十八年（1838）	社	黎城县石壁村	不详	社	未见	现存
352	观音堂	不详	不详	清道光十八年（1838）		长子县城阳村	不详	不详	未见	已废
353	白衣神堂	清道光十八年（1838）	村落	不详	不详	长治市屯留区市泽村	不详	村落	未见	现存
354	观音大士堂	不详	不详	清道光十九年（1839）	村落	长治市潞城区黄池村	不详	村落	未见	现存
355	观音阁	不详	不详	清道光十九年（1839）	村民、斋会	黎城县秋树垣村	不详	不详	未见	现存
				清道光二十六年（1846）	村民、念佛会		不详	不详	未见	
356	真静寺	不详	不详	清道光二十年（1840）	村落	武乡县石盘寺村		村落	未见	已废
357	观音堂	不详	不详	清道光二十二年（1842）	社	长治市潞城区东贾村	不详	社	未见	现存

续表

序号	名称	创建时间	创建者	重修时间	主导者及活动	所在地	田产归属	寺院归属	住持身份	存废情况
358	天凤寺	不详	不详	清道光十二年（1832）—道光二十二年（1842）	社	长子县关街村	不详	社	未见	现存
359	安□寺、龙华寺	不详	不详	清道光二十七年（1847）	不详	长治市潞城区安岭寺村	不详	不详	不详	现存
				同治十年	僧人		不详	不详	僧人	
				1924	村民家族	长治市潞城区安岭寺村	村落	村落	僧人	
360	观音堂	不详	不详	清道光二十八年（1848）	村民	黎城县孔家峧村	不详	村落	未见	现存
361	观音堂	不详	不详	清道光二十九年（1849）	社	长治市潞城区东白兔村	不详	社	未见	现存
362	观音堂	不详	不详	清道光二十九年（1849）	社	平顺县老申峧村	不详	社	未见	已废
363	白衣大士祠	不详	不详	清道光三十年（1850）	村民	武乡县故城镇烂柯山	不详	不详	未见	已废
364	观音菩萨玄天大帝神阁	不详	不详	清道光三十年（1850）	村落	武乡县下王堡村	不详	村落	未见	已废
365	观音堂	不详	不详	清道光三十年（1850）	村落	襄垣县南岩村	不详	村落	未见	现存
366	观音堂	不详	不详	清道光三十年（1850）	村落	襄垣县向家庄村	不详	村落	未见	已废
367	遐福寺	不详	不详	清咸丰三年（1853）	数村	武乡县白家窑村	不详	村落	未见	已废
368	观音堂	不详	不详	清咸丰五年（1855）	社	长治市屯留区牛角川村	不详	社	僧人	现存
				清同治四年（1865）	社		不详	社	不详	

续表

序号	名称	创建时间	创建者	重修时间	主导者及活动	所在地	田产归属	寺院归属	住持身份	存废情况
369	石佛寺	不详	不详	清咸丰九年（1859）	社	长治市上党区下郝村	不详	社	未见	现存
370	观音堂	不详	不详	清咸丰九年（1859）	不详	长治市潞城区北舍村	不详	不详	不详	现存
371	观音堂	不详	不详	清同治元年（1862）	社	黎城县高石村	不详	社	未见	现存
372	祈陀寺	不详	不详	清同治元年（1862）	村落	黎城县东井村	不详	村落	未见	已废
373	古佛庙	不详	不详	清道光二十八年（1848）—同治二年（1863）	村落	襄垣县西北阳村	不详	村落	未见	现存
374	石佛寺	不详	不详	清嘉庆二十一年（1816）—同治七年（1868）	社	长子县大中汉村	不详	社	未见	现存
375	观音堂	不详	不详	清道光三十年（1850）	社内立禁坡保护观音堂附近环境	壶关县东柏坡村	不详	社	未见	已废
				清同治五年（1866）	社		不详	社	未见	
376	大佛堂	不详	不详	清同治年间（1862—1875）	不详	壶关县西牢村	不详	不详	不详	已废
377	佛头寺、回龙寺	不详	不详	清光绪二年（1876）	社	平顺县侯壁里村	不详	社	俗人	已废
				1940年	仍存					
378	五道庙	不详	不详	清光绪六年（1880）	社	长治市屯留区寺底村	不详	社	俗人	现存
379	观音堂	不详	不详	清光绪八年（1882）	社	黎城县东井村	不详	社	未见	现存
380	观音堂	不详	不详	清光绪八年（1882）	村落	长治市潞城区王家庄村	不详	村落	未见	现存

续表

序号	名称	创建时间	创建者	重修时间	主导者及活动	所在地	田产归属	寺院归属	住持身份	存废情况
381	寿圣寺	不详	不详	清光绪八年（1882）	仍存	长子县化师山	不详	不详	不详	已废
				清光绪十八年（1894）	仍存		不详	不详	不详	
382	广济寺	不详	不详	清光绪十年（1884）	仍存	长治市潞城区北凤凰山	不详	不详	不详	已废
383	静居寺	不详	不详	清光绪十年（1884）	仍存	长治市潞城区西北龙山	不详	不详	不详	已废
384	宝禅寺	不详	不详	清光绪十年（1884）	仍存	长治市潞城区东禅井村	不详	不详	不详	已废
385	菩萨堂	不详	不详	清光绪十年（1884）	村落	黎城县高石河村	不详	村落	未见	现存
386	法云寺	不详	不详	清光绪十年（1884）	仍存	长治市潞城区上史兴村	不详	不详	不详	已废
387	观音堂	不详	不详	清光绪十一年（1885）	社、会	长治市潞城区王家庄村	不详	社	未见	现存
388	观音堂	不详	不详	清光绪十二年（1886）	村落	黎城县北马村	不详	村落	未见	现存
389	观音阁	不详	不详	清光绪十四年（1888）	村落	黎城县东黄须村	不详	村落	不详	现存
390	观音堂	不详	不详	清光绪十四年（1888）	村落	武乡县韩壁村	不详	村落	不详	已废
391	观音堂	不详	不详	清光绪十五年（1889）	社	长治市上党区苏店村	不详	社	未见	已废
392	观音堂	不详	不详	清光绪十六年（1890）	村落	黎城县渠村	不详	社	俗人	已废
393	观音堂	不详	不详	清光绪十六年（1890）	会	长治市潞城区潞华办事处西街社区	不详	会	未见	现存
394	慈仁庵	不详	不详	清光绪十八年（1892）	仍存	长治市潞城区	不详	不详	不详	已废
395	华藏寺	不详	不详	清光绪十八年（1892）	仍存	襄垣县王壁村	不详	不详	不详	已废

续表

序号	名称	创建时间	创建者	重修时间	主导者及活动	所在地	田产归属	寺院归属	住持身份	存废情况
396	石相寺	不详	不详	清光绪十八年（1892）	仍存	潞城县西李村	不详	不详	不详	已废
397	温泉寺	不详	不详	清光绪十八年（1892）	仍存	黎城县壶口关南	不详	不详	不详	已废
398	显庆寺	不详	不详	清光绪十八年（1892）	仍存	黎城县城南村	不详	不详	不详	已废
399	元熙寺	不详	不详	清光绪十八年（1892）	仍存	黎城县新安里	不详	不详	不详	已废
400	洪福寺	不详	不详	清光绪十八年（1892）	仍存	壶关县崇贤村	不详	不详	不详	已废
401	崇法寺	不详	不详	清光绪十八年（1892）	仍存	襄垣县城东北六十里	不详	不详	不详	已废
402	龙华庵	不详	不详	清光绪二十年（1894）		长治市上党区	不详	不详	不详	已废
403	石佛寺	不详	不详	清光绪二十年（1894）	仍存	长治市上党区荫城镇	不详	不详	不详	已废
404	白衣庵	不详	不详	清光绪二十年（1894）	仍存	长治市上党区荫城镇	不详	不详	不详	已废
405	慈慧庵	不详	不详	清光绪二十年（1894）	仍存	长治市上党区荫城镇	不详	不详	不详	已废
406	十方院	不详	不详	清光绪二十年（1894）	仍存	长治市上党区荫城镇	不详	不详	不详	已废
407	西佛寺	不详	不详	清光绪二十年（1894）	仍存	长治市上党区关村镇	不详	不详	不详	已废
408	官庄寺	不详	不详	清光绪二十年（1894）	仍存	长治市上党区	不详	不详	不详	已废
409	观音堂	不详	不详	清光绪二十三年（1897）	确定寺院为村社产业	壶关县河东村	不详	不详	不详	已废
410	观音堂	不详	不详	清光绪二十三（1897）—二十六年（1900）	村落	黎城县宋家庄村	不详	社	未见	已废
411	佛殿	不详	不详	清光绪二十四年（1898）	村落	黎城县古寺头村	村落	村落	未见	现存

续表

序号	名称	创建时间	创建者	重修时间	主导者及活动	所在地	田产归属	寺院归属	住持身份	存废情况
412	五道庙	清光绪二十四年（1898）	社	1923	社	襄垣县郭家垴村	不详	社	未见	已废
413	观音堂、菩萨堂、鳌山观音阁	不详	不详	清光绪二十五年（1899）	社	黎城县石板村	不详	社	未见	已废
414	观音堂	不详	不详	清光绪二十五年（1899）	村落	黎城县牛居村	不详	社	未见	已废
415	翠云寺	不详	不详	清宣统三年（1911）	社	长治市上党区大峪村	不详	社	俗人	已废
416	观音阁	不详	不详	清（1636—1912）	对联	武乡县东庄村	不详	不详	不详	已废
417	观音庙	不详	不详	清（1636—1912）	不详	长治市潞城区东蕲村	不详	不详	不详	现存
418	观音庙	不详	不详	清（1636—1912）	不详	长治市潞城区茶棚村	不详	不详	不详	现存
419	观音堂	不详	不详	清（1636—1912）	不详	长治市潞城区东天贡村	不详	不详	不详	现存
420	白衣堂	不详	不详	清（1636—1912）	不详	长治市潞城区羌城村	不详	不详	不详	现存
421	北观音庙	不详	不详	清（1636—1912）	不详	长治市潞城区羌城村	不详	不详	不详	现存
422	观音堂	不详	不详	清（1636—1912）	不详	长治市潞城区羌城村	不详	不详	不详	现存
				1927	社向民众集资供寺元宵挂灯之用		不详	不详	不详	
423	观音庙	不详	不详	清（1636—1912）	不详	长治市潞城区郭家堡村	不详	不详	不详	现存

续表

序号	名称	创建时间	创建者	重修时间	主导者及活动	所在地	田产归属	寺院归属	住持身份	存废情况
424	观音堂	不详	不详	清（1636—1912）	不详	长治市潞城区任和村	不详	不详	不详	现存
425	佛爷庙	不详	不详	清（1636—1912）	不详	长治市潞城区东邑村	不详	不详	不详	现存
426	五道将军庙	不详	不详	清（1636—1912）	不详	长治市潞城区申家山村	不详	不详	不详	现存
427	五峰寺	不详	不详	清（1636—1912）	不详	襄垣县东北六十里	不详	不详	不详	现存
428	龙珠寺	不详	不详	清（1636—1912）	不详	沁县南牛寺村	不详	不详	不详	现存
429	观音堂	不详	不详	1912	会	长治市潞城区秦家山村	不详	村落	未见	现存
430	古佛殿	不详	不详	1913	社	黎城县正社村	不详	社	未见	已废
431	观音堂	不详	不详	1917	社	黎城县马家峪村	不详	社	未见	现存
432	观音阁	1918	社	不详	不详	黎城县后贾岭村	不详	社	未见	已废
433	凤山寺	不详	不详	1919	社	黎城县赛里村	不详	社	未见	现存
434	观音堂	不详	不详	1922	社	襄垣县燕家沟村	不详	社	未见	现存
435	隆教寺	不详	不详	1923	村落	武乡县涌泉村	不详	村落	未见	已废
436	菩萨庙	不详	不详	1923	村落	武乡县涌泉村	不详	村落	未见	已废
437	五道庙	不详	不详	1923	村落	武乡县涌泉村	不详	村落	未见	已废
438	古佛堂	不详	不详	1923	社	长子县鲍寨村	不详	社	未见	已废
439	观音堂	不详	不详	1923	社	长子县鲍寨村	不详	社	未见	已废

续表

序号	名称	创建时间	创建者	重修时间	主导者及活动	所在地	田产归属	寺院归属	住持身份	存废情况
440	山泉庙	不详	不详	1927	社	襄垣县磨坳村	不详	社	俗人	现存
441	永平寺	不详	不详	1928	仍存	襄垣县南坪村	不详	不详	不详	已废
442	百峰寺	不详	不详	1928	仍存	襄垣县禅上村	不详	不详	不详	已废
443	黄梅寺	不详	不详	1928	仍存	襄垣县东王桥村	不详	不详	不详	已废
444	普照庵	不详	不详	1928	仍存	襄垣县城北十里	不详	不详	不详	已废
445	白衣堂	不详	不详	1928	仍存	襄垣县迴辕店村	不详	不详	不详	已废
446	观音堂	不详	不详	1928	仍存	襄垣县城东门外	不详	不详	不详	已废
447	观音堂	不详	不详	1928	仍存	襄垣县城南门外	不详	不详	不详	已废
448	观音堂	不详	不详	1928	仍存	襄垣县城北门外	不详	不详	不详	已废
449	观音堂	不详	不详	1928	仍存	襄垣县蒲池村	不详	不详	不详	已废
450	净居寺	不详	不详	1928	仍存	襄垣县上良村	不详	不详	不详	已废
451	仁济寺	不详	不详	1928	仍存	襄垣县城北二十里五音山	不详	不详	不详	已废
452	开化寺	不详	不详	1928	仍存	襄垣县城西北五十里	不详	不详	不详	已废
453	观音堂	不详	不详	1929	村落	黎城县五十亩村	不详	村落	未见	已废
454	雷音寺弥勒佛庙	不详	不详	1934	僧人、村落	黎城县阳和角村	不详	村落	僧人	现存
455	观音堂	不详	不详	1936	村落	黎城县上桂花村	不详	村落	未见	现存

续表

序号	名称	创建时间	创建者	重修时间	主导者及活动	所在地	田产归属	寺院归属	住持身份	存废情况
456	鸿门寺	不详	不详	不详	不详	平顺县德和村	不详	不详	不详	1940年前毁于战火
457	藏梅寺	不详	不详	1940	仍存	平顺县虹霓村	不详	不详	不详	已废
458	卸甲寺	不详	不详	1940	仍存	平顺县杨威村	不详	不详	不详	已废
459	龙泉寺	不详	不详	1940	仍存	平顺县新兴里	不详	不详	不详	已废
460	朝阳寺	不详	不详	1940	仍存	平顺县王家庄村	不详	不详	不详	已废
461	硕才寺	不详	不详	1940	仍存	平顺县和峪村	不详	不详	不详	已废
462	福兴寺	不详	不详	1940	仍存	平顺县新兴四里	不详	不详	不详	已废
463	扬觉寺	不详	不详	1940	仍存	平顺县芣兰岩村	不详	不详	不详	已废
464	猪卧平寺	不详	不详	1940	仍存	平顺县侯壁里东十字岭	不详	不详	不详	已废
465	大觉寺	不详	不详	1940	仍存	平顺县消军岭	不详	不详	不详	已废
466	圆明寺	不详	不详	1941	十八村	襄垣县蒲池村	十八村	不详	不详	已废
467	葛井寺	不详	不详	1941	村落、僧人	长治市潞城区神泉村	村落	村落	未见	已废
468	观音庙	不详	不详	不详	不详	潞城区潦河头村	不详	不详	不详	现存
469	极乐寺	不详	不详	不详	村落	武乡县曹家堙村		村落	未见	已废
470	金山寺	不详	不详	不详	不详	长治市上党区大峪村	不详	不详	不详	现存

续表

序号	名称	创建时间	创建者	重修时间	主导者及活动	所在地	田产归属	寺院归属	住持身份	存废情况
471	回龙寺	不详	不详	不详	不详	黎城县车当村	不详	不详	不详	现存
472	妙胜寺	不详	不详	不详	不详	长治市潞城区潞华办事处北街	不详	不详	不详	现存
473	金禅寺	不详	不详	不详	不详	长治市屯留区老爷山	不详	不详	不详	现存
474	净业庵	不详	不详	不详	不详	沁县交口村	不详	不详	不详	现存
475	三录寺	不详	不详	不详	不详	沁县交口村	不详	不详	不详	现存砖塔

主要参考文献

一　佛教典籍

（东汉）安世高译：《佛说十八泥犁经》，《大正藏》第 17 册。

（后秦）弗若多罗、鸠摩罗什译：《十诵律》，《大正藏》第 23 册。

（后秦）鸠摩罗什译：《金刚般若波罗蜜经》，《大正藏》第 8 册。

（后秦）鸠摩罗什译：《佛说观无量寿佛经》，《大正藏》第 12 册。

（后秦）鸠摩罗什译：《中论》，《大正藏》第 30 册

（北凉）昙无谶译：《大般涅槃经》，《大正藏》第 12 册。

（梁）慧皎：《高僧传》，《大正藏》第 50 册。

（梁）僧祐：《出三藏记集》，《大正藏》第 55 册。

（隋）费长房：《历代三宝记》，《大藏经》第 49 册。

（唐）道宣：《广弘明集》，《大正藏》第 52 册。

（唐）法琳：《辨证论》，《大正藏》第 52 册。

（唐）慧立、彦悰：《大唐大慈恩寺三藏法师》，《大正藏》第 50 册。

（唐）慧然：《镇州临济慧照禅师语录》，《大正藏》第 47 册。

（唐）善导：《观无量寿佛经疏》，《大正藏》第 37 册。

（唐）善道、道境：《念佛镜本》，《大藏经》第 47 册。

（唐）玄嶷：《甄正论》，《大藏经》第 52 册。

（唐）玄奘、辩机：《大唐西域记》，《大正藏》第 51 册。

（宋）楚原：《汾阳无德禅师语录》，《大正藏》第 47 册。

（宋）道原：《景德传灯录》，《大正藏》第51册。

（宋）志磐：《佛祖统纪》，《大正藏》第49册。

（元）德辉：《敕修百丈清规》，《大正藏》第48册。

（元）宗宝：《六祖大师法宝坛经》，《大正藏》第48册。

（清）雍正帝：《雍正御选语录》，蓝吉富：《禅宗全书》第78册，北京图书馆出版社2004年版。

恒强：《阿含经校注》，线装书局2012年版。

［日］东晙：《黄龙慧南禅师康录续补》，《大正藏》第47册。

二　佛教著作

杜继文：《佛教史》，江苏人民出版社2008年版。

胡适：《中国佛学史》，华东师范大学出版社2015年版。

黄敏枝：《宋代佛教社会经济史论集》，台湾学生书局1989年版。

赖永海：《中国佛教通史》，江苏人民出版社2010年版。

赖永海：《中国佛性论》，江苏人民出版社2010年版。

麻天祥：《中国禅学思想史》，武汉大学出版社2007年版。

麻天祥：《中华佛教史》（近代佛教史卷），山西教育出版社2014年版。

南怀瑾：《金刚经说什么》，复旦大学出版社2018年版。

潘桂明：《中国佛教思想史稿》，江苏人民版社2009年版。

任继愈：《中国佛教史》，江苏人民出版社2006年版。

太虚：《佛学常识》，江苏人民出版社2014年版。

魏道儒：《世界佛教通史》，中国社会科学出版社2015年版。

三　地方志

（明）《潞州志》，中华书局1995年版。

（清）康熙《黎城县志》，《中国地方志集成·山西府县志辑》（35），凤凰出版社、上海书店、巴蜀书社2005年版。

（清）雍正《山西通志》，《影印文渊阁四库全书》，台湾商务印书馆

1983年版。

（清）乾隆《潞安府志》,《中国地方志集成·山西府县志辑》(30)(31)，凤凰出版社、上海书店、巴蜀书社2005年版，

（清）乾隆《武乡县志》《中国地方志集成·山西府县志辑》(41)，凤凰出版社、上海书店、巴蜀书社2005年版。

（清）道光《壶关县志》,《中国地方志集成·山西府县志辑》(35)，凤凰出版社、上海书店、巴蜀书社2005年版。

（清）光绪《长治县志》,《中国地方志集成·山西府县志辑》(29)，凤凰出版社、上海书店、巴蜀书社2005年版。

（清）光绪《潞城县志》,《中国地方志集成·山西府县志辑》(41)，凤凰出版社、上海书店、巴蜀书社2005年版。

（清）光绪《黎城县志》,《中国地方志集成·山西府县志辑》(35)，凤凰出版社、上海书店、巴蜀书社2005年版。

（清）光绪《屯留县志》,《中国地方志集成·山西府县志辑》(43)，凤凰出版社、上海书店、巴蜀书社2005年版。

（清）光绪《长子县志》,《中国方志丛书》(401)，台湾成文出版有限公司1976年版。

（清）光绪《山西通志》，中华书局1990年版。

民国《平顺县志》,《中国地方志集成·山西府县志辑》(42)，凤凰出版社、上海书店、巴蜀书社2005年版。

民国《武乡新志》,《中国地方志集成·山西府县志辑》(41)，凤凰出版社、上海书店、巴蜀书社2005版。

民国《襄垣县志》,《中国方志丛书》(418)，成文出版有限公司1976年版。

刘书友:《黎城旧志五种》，北京图书馆出版社1996年版，

四　古籍、民间写本及其校注

《论语注疏》，阮元:《十三经注疏》，中华书局1980年版。

《春秋左传正义》，阮元:《十三经注疏》，中华书局1980年版。

杨伯峻：《春秋左传注》，中华书局 1990 年版。

陈奇猷：《韩非子新校注》，上海古籍出版社 2000 年版。

袁珂：《山海经校注》，上海古籍出版社 1980 年版。

《史记》，中华书局 1959 年版。

《后汉书》，中华书局 1965 年版。

《魏书》，中华书局 1974 年版。

《南齐书》，中华书局 1972 年版。

《梁书》，中华书局 1973 年版。

《隋书》，中华书局 1973 年版。

《旧唐书》，中华书局 1975 年版，

《新唐书》，中华书局 1975 年版。

《旧五代史》，中华书局 1976 年版。

《宋史》，中华书局 1977 年版。

（宋）朱弁：《曲洧旧闻》，中华书局 2002 年版。

（宋）李昉等：《太平广记》，中华书局 1961 年版。

（宋）洪迈：《夷坚志》，中华书局 1981 年版。

（宋）李焘：《续资治通鉴长编》，中华书局 2008 年版。

（明）许仲琳：《封神演义》，中华书局 2009 年版。

（明）冯梦龙：《古今谭概》，文学古籍刊行社 1995 年版。

（北魏）郦道元：《水经注》，巴蜀书社 1985 年版。

（宋）王溥：《唐会要》，《影印文渊阁四库全书》第 606 册，台湾商务印书馆 1983 年版。

吴光钱、董平、姚管福：《王阳明全集》，上海古籍出版社 1992 年版。

（清）张之洞：《劝学篇》，华夏出版社 2002 年版。

杨孟衡：《上党古赛写卷十四种笺注》，财团法人施合郑民俗文化基金会 2000 年版。

《赛书》，咸丰十一年（1861），写本。该写本为清代流行于今长治市一带的迎神赛社仪式文本。

守德堂：《尧王山大赛底》，写本，1918 年。该写本为民国期间流传于长治市尧王山的迎神赛社仪式文本。

王金荣：《前后行讲说古论有十论》，1927 年，写本。该写本为民国期间流行于今长治市一带的迎神赛社仪式文本。

李宅：《祭文簿》，1928 年，写本。该写本为民国期间流行于今长治市一带的迎神赛社仪式文本。

五　期刊论文、学位论文、著作

张守卫：《论〈七录〉在我国图书分类学史上的贡献》，《大学图书情报学刊》2012 年第 1 期。

许栋、杜斗城：《论北魏太武帝与华北乡村佛教的发展》，《求索》2012 年第 10 期。

圣凯：《佛教放生习俗的形成及流行》，《中国宗教》2013 年第 12 期。

严耀中：《试说乡村社会与中国佛寺和僧人的互相影响》，《史学集刊》2015 年第 4 期。

段建宏：《晋东南三教信仰的形成、表现形态及分析》，《宗教学研究》2015 年第 4 期。

荣国庆：《北朝山西乡村佛教石刻造像考——以〈山右石刻丛编〉为中心》，《文物世界》2017 年第 5 期。

原少锋：《明清三教堂研究》，硕士学位论文，2010 年，东北师范大学。

张云培：《清末民初云南藏区寺院与乡村社会》，硕士学位论文，2013 年，云南师范大学。

沈洁：《现代中国的反迷信运动》，博士学位论文，2006 年，中国人民大学。

尚永琪：《3—6 世纪佛教传播背景下的北方社会群体研究》，博士学位论文，2006 年，吉林大学。

马莉：《民国政府的宗教政策研究》，博士学位论文，2007 年，中央民族大学。

单侠：《民国时期佛教革新研究（1919—1949）——以革新派僧伽为

主要研究对象》，博士学位论文，2012 年，陕西师范大学。

钱光胜：《唐五代宋初冥界观念及其信仰研究》，博士学位论文，2013 年，兰州大学。

周新年：《顺德地方社会与集体空间研究》，博士学位论文，2018 年，华南理工大学。

陈宝良：《中国的社与会》，中国人民大学出版社 2011 年版。

朱文广：《庙宇 · 仪式 · 群体：上党民间信仰研究》，中国社会科学出版社 2015 年版。

庄辉明：《萧衍评传》，上海古籍出版社 2018 年版。

六　碑刻、报刊、档案及其他

张树平：《潞水汲古》，山西出版集团 · 山西人民出版社 2011 年版。

王苏陵：《三晋石刻大全 · 长治市黎城县卷》，山西出版传媒集团 · 三晋出版社 2012 年版。

冯贵兴、徐松林：《三晋石刻大全 · 长治市屯留县卷》，山西出版传媒集团 · 三晋出版社 2012 年版。

贾圪堆：《三晋石刻大全 · 长治市长治县卷》，山西出版传媒集团 · 三晋出版社 2012 年版。

李树生：《三晋石刻大全 · 长治市武乡县卷》，山西出版传媒集团 · 三晋出版社 2012 年版。

冉树森：《三晋石刻大全 · 长治市平顺县卷》，山西出版传媒集团 · 三晋出版社 2013 年版。

申修福：《三晋石刻大全 · 长治市长子县卷》，山西出版传媒集团 · 三晋出版社 2013 年版。

张平和：《三晋石刻大全 · 长治市壶关县卷》，山西出版传媒集团 · 三晋出版社 2014 年版。

贾圪堆：《三晋石刻大全 · 长治市襄垣县卷》，山西出版传媒集团 · 三晋出版社 2015 年版。

（民国）《护生报》。

（民国）《大生报》。

（民国）《海潮音》。

中国第二历史档案馆：《中华民国史档案资料汇编》[第五辑，第一编，文化（二）]，江苏古籍出版社 1994 年版。

胡道静、陈耀庭、段文桂、林万清：《藏外道书》，巴属书社 1994 年版。

岑参：《精卫》，古诗大全网，https：//www.gushimi.org/gushi/6286.html。

后　记

本书的写作难度并不亚于我的博士论文，甚至在某些方面尚有过之。个中原因有二：

一是学识问题。虽然民间信仰和佛教有密切的联系，但毕竟有所不同。本书最让我感到头疼的，不是佛教与民间社会的关系，即本书的重点部分，而是其中涉及的佛教史、佛教理论的部分。这些内容对我而言是全新的知识。我需要从头学习相关的知识。写到书上的是只言片语，查阅的资料却是广如江河。即便如此，错漏之处仍不可避免。

二是时间问题。近两年来，俗务缠身，尽管一直想静下心来潜心奋斗，奈何树欲静而风不止，总有一系列事情接踵而至，而似乎每一件事都马虎不得。这对我这样一心不能二用的人而言，无疑是巨大的挑战。故而，本书一直被我拖拖拉拉，难以付梓，屡次辜负各级领导的期盼，在此郑重地说声抱歉。好在本书终于完稿，大家也都算放下了一桩心事，可以稍稍宽心一段时间了。

本书主要分析了长治市浊漳河流域的佛寺在 1949 年以前的存废演变史及其与地方社会，主要是村落的互动关系。如上所述，由于本人学识与时间问题，本书无论是结构还是内容都有诸多不如意的地方。在此，谨向读者说声抱歉。本书是我进行佛教研究的起点。随后的一段时间内，我将继续进行佛教史、佛教理论的研究。本书的不足应该在随后的研究中可以有所弥补。

本书能够完成得力于长治学院、科研处、历史文化与旅游管理系的领导及同事们的关心与帮助。他们为本书出版提供了资金、资料及其他各方面的帮助，尤其是系主任段建宏教授，居然能够忍受我的拖延症。

长治市博物馆的秦秋红科长、朋友原书林，长治市职业技术学院的卫崇文院长、段建宏教授免费充当向导，带领我进行了田野调查。长治市潞城区贾村的杜同海老先生将自己搜集的资料无偿提供给我。他们的帮助让我早期的资料积累工作得以完成。

此外，各佛寺的看守者也尽可能地给我提供调研的方便。

长治学院历史 1501 班的张丽、宋雁飞、王淑钰、杨轲、常宽、原雅倩、武珊；历史 1502 班的许晶、贾苗苗；历史 1601 班的杜建杰；旅游 1503 的田佳惠等同学进行了部分资料的收集与田野调查工作，并完成了两项与本书相关的系级课题，助力了本书写作。

历史 1501 班的李敏同学帮助我进行了文稿的校对工作。

在此一并致谢。

需要特别感谢的是我的家人。首先，从父母到妻女，他们两年来健健康康；其次，女儿顺利升入大学，不用再担心她的学业问题。这使我不为家事忧愁，从而可以安心造车。

本书完稿之时，正逢国内疫情减缓。这个寒假是我人生最长的一个假期。也正因如此，少了许多不必要的杂事，才促成了本书的完稿。往后的日子，我终于可以拿起半年没碰的乒乓球拍，重出江湖了，看来是不必要担心“每逢佳节长身体”了。